U0226366

写作与沟通

——清洁能源

易陈谊◎编著

Writing and Communication

—Clean Energy

经济管理出版社
ECONOMY & MANAGEMENT PUBLISHING HOUSE

图书在版编目（CIP）数据

写作与沟通：清洁能源/易陈谊编著．—北京：经济管理出版社，2022.12
ISBN 978-7-5096-8882-3

Ⅰ.①写…　Ⅱ.①易…　Ⅲ.①无污染能源—论文—写作　Ⅳ.①X382

中国版本图书馆 CIP 数据核字(2022)第 248883 号

组稿编辑：魏晨红
责任编辑：魏晨红
责任印制：黄章平
责任校对：张晓燕

出版发行：经济管理出版社
（北京市海淀区北蜂窝 8 号中雅大厦 A 座 11 层　100038）
网　　址：www. E-mp. com. cn
电　　话：(010) 51915602
印　　刷：北京虎彩文化传播有限公司
经　　销：新华书店
开　　本：720mm×1000mm/16
印　　张：9.75
字　　数：160 千字
版　　次：2022 年 12 月第 1 版　　2022 年 12 月第 1 次印刷
书　　号：ISBN 978-7-5096-8882-3
定　　价：68.00 元

联系地址：北京市海淀区北蜂窝 8 号中雅大厦 11 层
电话：(010) 68022974　　邮编：100038

目　录

第一章　研究性文章写作简介

第一节　什么是研究性文章写作

写作是一个“转换”的过程，需要将自己的全流程研究转换成书面形式，需要将复杂的研究过程和研究发现转换成简洁的表述，需要将繁多的抽象数据转换成形象的展示。任何非虚构类的，需要用探究性的学习方法，通过对原始材料进行分析处理，来组织想法最后形成文字的写作，都算是研究性写作。要想完成一篇研究性文章，首先是确定一个研究选题；其次是分析存在哪些研究问题；再次是整理当前的研究资料（一手的或二手的），并对这些资料进行细读和分析，了解前人的工作；最后是在前人工作的基础上做出原创性的输出，而输出的形式则不受局限，文字、图画或者视频都可以。

具体而言，可以沿着下面的步骤来推进：第一，找到题目。一般来说，解决一些现实问题对社会的进步或者经济发展有着巨大的影响；有一些问题是从自己感兴趣的领域内寻找和发现的，可能是生活中一件不经意的小事，也可能是对你造成深刻印象的一些事情，许多科学家往往是通过这些小事创造了有意义的发明。第二，缩小题目范围。在大致明确了想要研究的问题之后，需要进一步明确研究的问题，是否足够聚焦、难度如何，同时也要去深入思考，想想应该怎么做或者为什么要做。不仅要对研究问题提出 who、when、where、what，这样提出来的问题都属于比较浅层次的问题，只需要你提供一些事实和信息，还要提出 why 和 how，这样提出来的问题就属于比较深层次的问题，必须要做深入的思考和分析才能给出答案。第三，确定研究价值。明确提出的这个问题的意义是什么，有什么用处，能够对社会的进步做出哪些贡献，或者能够带来怎样的社会效益、经济效益。

第二节　研究性文章的特点

一、严谨性

严谨性主要体现在两个方面：一是内容严谨；二是语言严谨。内容严谨指的是研究性文章提出的所有观点都需要有严谨的说明，做到有理有据。为了做到更加客观和严谨，需要列举出不同声音、不同解释、不同结论的文献，通过讨论不同的观点，进一步加强论点。换句话说，不仅要做到有理有据，还要做到百家争鸣，不能一家独大，要承认这个领域内的其他态度和看法。这一点，在人文社科领域尤为重要。语言严谨指的是要使用专业的语言（Professional Language），而不能用口语化的表达；尽量避免掺杂主观色彩，表述要客观准确，用词要专业。

二、功能性

写作有特定的目的，要有一定的意义和价值，能得出一定的结论来支撑作者的某些观点。每篇研究性文章都是为了寻求一个问题的真实答案，并解决学术问题。一篇好的研究性文章还会澄清研究中的局限性和不足之处，有待后续进一步证明。这个就是学术问题的功能性。然而，这个功能性是决定论文好坏的必要而非充分条件。也就是说，这个问题值不值得研究，即这个研究有没有价值。

三、规律性

研究性文章要有理有据，应包含以下要素——提出的问题、支撑的理论、提出的假设、如何证明的过程、最终的结论。总之，要言之有理，能自圆其说。

（一）研究性文章的整体思路有据可循

绝大多数研究性文章的写作思路是“提出问题—阐明理论—提出假设—摆出数据—说明方法—验证假设”。这里面包含了几个要素：问题、理论支撑、作者的假设、证明作者的假设、证明方法。任何论文都需要以理论基础为引导，以客观数据为支撑，还要有对主观数据的解读。

（二）研究性文章的行文方法都有约定俗成的结构

这个结构就是“序言（Introduction）—文献综述（Literature Review）—方法论（Methodology）—论述（Discussion）—结论（Conclusion）”。

在开篇序言部分，简单告诉读者本篇文章的研究对象是什么、研究目的是什么、研究方法是什么。有的论文会有文献综述部分，这一部分主要是概述过去该领域的相关研究。通过引用别人的文章，不但能阐述出该研究领域的相关重点概念，更能通过与其他研究性文章的比较，体现出本篇文章的价值，也就是文章的理论意义和现实意义（The Significance of the Paper）。

文献综述之后，就需要阐述研究方法。对研究方法的阐述，主要是为了证明研究是可行的、方法是科学的、得出的数据是可信的。

接下来就是文章最重要的部分——论述。这个部分要求学生对得出的数据进行解读，任何一个单独的数据都是没有太多意义的，只有在一定的情境、一定的背景下才有价值。论述就是阐明数据与现实的关系，这一点很重要。

最后，就是文章的结尾部分，对以上提到的每一个部分的重点内容进行总结。好的结尾或者说更客观的结尾，会提到文章的局限性或是这个课题之后的研究方向等。以上就是研究性文章行文结构的规律。

研究性文章主要是根据自己的研究成果来写，首先提出论点，然后组织各方面的论据，论证研究成果的正确性。在文章写作上，要以事实为依据，决不能虚构抒情。在写作中，对一个问题、方法、结果或结论，不同的读者应当有相同的理解。如果不同的读者产生了不同的理解，要么是作者没有按学术写作的要求写，要么是读者还不具备阅读此类学术文章的条件或积累，要么是作者对相关研究尚没有搞透彻。

第三节　研究性文章的价值与意义

一、对大学学习的价值与意义

写作是一个将语言和思维融合的过程，任何一个想法、问题、现象以及知识点，如果没有合适且精准的语言作为载体，都无法得到广泛的传达。研究性文章不只是简单地培养语言与思想的融合能力，更多的是培养一种用直白的、简练的、正确的语言以逻辑的方式表述作者思维的能力。对于一个大学生而言，撰写研究性文章可以对自己的研究内容有更清晰的认识，将各个离散的知识点串起来，锻炼自己的逻辑能力，从而对研究内容有更深的理解。具体而言：

第一，通过撰写研究性文章，运用已学的知识对未知的知识进行研究和探讨，锻炼和培养独立分析和解决问题的能力；第二，通过撰写研究性文章，使学生了解科学研究的过程和方法，懂得怎样收集和整理材料、怎样利用图书馆、怎样检索文献资料，学会科学研究的基本方法；第三，通过撰写研究性文章，使学生学会如何撰写论文，懂得了选题的重要性、选题的原则和方法，能运用已掌握的知识来处理问题，进行新的探索，在探索中提高认知能力和独创精神，使他们的智力得到开发、智商得到提高、学会创造性劳动；第四，通过撰写研究性文章，有助于培养青年知识分子对科学研究的热情；第五，研究性文章，各行各业的科研人员把各自的研究成果、创造发明用学术论文的形式公布于世，为社会所承认，转化为社会知识的组成部分，并转化为社会生产力，这也是青年知识分子才能的体现。

二、对以后工作的价值与意义

写作研究性文章是从事科研和技术工作者必备的能力，也是学术研究和科技成果的重要表现形式，是反映专业技术人员知识水平和专业水平的重要载体，既是综合评价论文写作者的重要依据，也是客观、公正、准确评价人才的一项重要措施。

在写作过程中，不仅需要了解自己所研究的问题，还需要了解与之相关的其他内容，这会加深学生对相关知识的理解，对以后的工作和生活都大有裨益。

第二章　文献检索

在确定选题前，必须先全面了解前人在相关领域所做的工作，弄清楚目前已有哪些研究进展、结果如何、是如何开展的，在此基础上分析还有哪些问题需要研究解决。文献检索和文献综述是研究和写作的基石，全面的文献检索和文献述评不仅对选题有重要作用，还有助于发现新的研究视角、开阔研究思路。新知识的生产速度越来越快，掌握文献检索方法和工具是科研工作者必备的技能。

第一节　文献在写作中的作用

文献综述可谓是灯塔、瞭望塔与指路明灯。①文献综述可以展示作者对某个领域知识的熟悉程度，并建立读者对作者的信任。即反映作者的视野、见识、品位与眼光；文如其人，见文如见人。②呈现过去研究的发展脉络，说明目前研究同过往研究的关联性。③整合和总结某个领域的已知和未知，明确哪些是业已达成的共识，哪些还有待研究，即明确研究的空白和方向。④学习和借鉴已有研究的程序、设计、方法和技术等，并发现新的研究方向。

一、重要的信息来源

文献是写作的重要信息来源，例如，以“清洁能源”为主题来选择研究课题时，很难通过具体的实验或者实际调查获取各项清洁能源的发电量等数据，因此文献检索和文献综述是主要的数据来源和论文写作依据。

文献调研贯穿于整个研究过程。在选题阶段或者调研初期，需要做全面的

文献调研，避免走重路、走弯路。对于初学者而言，应该先侧重阅读综述论文和学位论文，这些论文的系统性较强，对基本概念也会有较清楚的表述。选题要小，但查阅文献的范围要大。在对研究领域有了大致的了解后，还可以进一步通过数据库的分析功能或者领域内重要国际会议查找领域内的学术领军人，重点研读他们的论文，以获取最新、最前沿的研究进展。

阅读学术文献需要精读与泛读相结合。我们无法逐字逐句地阅读浩如烟海的文献，因此需要对文献做必要的筛选，选择少量关键核心文献进行精读。可以按照摘要—简介—结论的顺序粗读文献：首先，快速读完摘要和简介，了解研究背景和科学问题；其次，阅读结论，看看问题是否已解决，论文的创新点是什么。如果文章是自己感兴趣的、与自己的研究方向相关的，就进一步精读全文。通过有针对性地查找、阅读，掌握经典和前沿文献，学习和积累研究方法，建立论文写作的“数据库”。

文章水平较高的中文期刊有：各个学科的顶级期刊、具体领域的一流期刊和综合类期刊，如《中国社会科学》。国际期刊有：各个学科的国际顶级期刊、具体领域的一流期刊和综合学术期刊，如 *Science*、*Nature*、*PNAS*。

二、增强论证的说服力

在撰写文章的过程中，可以引用文献来支持自己的观点，增强文章论证的说服力。一方面，学术界研究应用较多，已经有确切结论的论证过程不必在自己的论文中再次大篇幅地表述，最合适的方式是引用相关的经典文献，如通过某一测试方法得到的结果反映了其内在规律，我们在文章中描述现象和结果后，就可以通过引用相关文献直接表述其所反映的机理。另一方面，在写文章的过程中，可以查找与自己的研究相关、类似的研究过程或研究方法，如果现象或规律是类似的，就可以引用来增强文章论证的说服力。

文献综述不是罗列文献，需要对文献内容加以介绍，用自己的语言讲出文献的观点。文献综述的原则是既要“述”，更要“评”，概括性和批判性地总结已有文献。文献综述需要对已叙述文献的内容进行批判性的述评，而不是仅仅对前人的研究进行总结。选择性：有所述有所不述。文献综述应在大范围阅读和清晰叙述前人文献的基础上，提出自己的观点。文献综述部分应阐明作者的研究在学理上有正当性，因此，在写作时要叙述自己所做的研究与既有研究的关系，点明自身研究的意义。文献引用的目的是引出自己的研究问题和研究假设。在引用文献时，应该优先选择经典的、影响力大的论文。这里有一些套话，比如："学术界主要有两种观点：一种观点认为……另一种观点认为……""一些早期研究指出……"。

第二节　常见的数据库

数据库收录了大部分的学术论文，通过数据库可以方便地检索、查阅相关主题的论文。常用的中文数据库有中国知网、万方数据、维普资讯等，常用的英文数据库有 Web of Science、Google Scholar 等。国内外的数据库非常多，在检索文献时，不需要每个数据库都检索，一般中文文献在中国知网检索、英文文献在 Web of Science 检索足以，其他数据库可以作为特殊情况下的补充。

一、常见的中文数据库

1. 中国知网

中国知识资源总库（https：//www. cnki. net/）即国家知识基础设施工程（China National Knowledge Infrastructure，CNKI），简称中国知网。中国知网是目前覆盖全面的中文数字图书馆，它包含的资源库有中国学术期刊网络出版总库、中国优秀硕士学位论文全文数据库、中国博士学位论文全文数据库、中国重要会议论文全文数据库、中国重要报纸数据库、中国年鉴全文数据库、中国工具书网络出版总库等。

2. 万方数据

万方数据知识服务平台（https：//www. wanfangdata. com. cn/）是由北京万方数据股份有限公司创办的数据库，包含期刊、学位、会议、科技报告、专利、标准、科技成果、法规、地方志、视频等十余种知识资源类型。

3. 维普资讯

维普资讯（http：//qikan. cqvip. com）是重庆维普资讯有限公司创办的数

据库，收录了自1989年以来的大量中文期刊资源。

4. 百度学术

百度学术（https：//xueshu. baidu. com/）是百度在2014年推出的提供中英文文献检索的学术资源搜索平台。百度学术的核心是综合学术资源的搜索，本身没有数据库，但因为其链接了大部分数据库，所以搜索结果比较全面。

二、常见的英文数据库

1. Web of Science

Web of Science（https：//www. webofscience. com/），简称WOS，是科睿唯安公司开发的大型综合性、多学科的学术信息检索平台。

WOS核心合集一共有10个子库，包括3个引文数据库：科学引文索引（Science Citation Index Expanded，SCI-E）、社会科学引文索引（Social Science Citation Index，SSCI）和艺术与人文引文索引（Arts & Humanities Citation Index，A&HCI），2个会议论文引文数据库：科学会议录引文索引（Conference Proceedings Citation Index-Science，CPCI-S）和社会科学与人文科学会议录引文索引（Conference Proceedings Citation Index-Social Science & Humanities，CPCI-SSH），另外还有2个化学数据库、1个期刊引文数据库和2个图书数据库。

目前，国内外都认定WOS收录的期刊为核心期刊，认为其收录的期刊论文具有较高的学术水平。

2. Google Scholar

Google Scholar（https：//scholar. google. com/）是Google公司设立的可以免费搜索学术文章的网络搜索引擎，能够帮助用户查找包括期刊论文、学位论文、书籍、预印本、文摘和技术报告在内的学术文献。

3. 其他

Wiley Online Library（http：//onlinelibrary. wiley. com/），由美国Wiley Blackwell出版社设立，Wiley Blackwell出版社是重要的学术出版机构。

Elsevier Science Direct（http：//www. sciencedirect. com）是由荷兰Elsevier（爱思唯尔）出版社推出的在线检索平台。

第三节　文献检索

一、中文文献检索

当今科技文献浩如烟海，应掌握文献检索的有效方法。下面以在中国知网检索“清洁能源”主题为例，介绍检索、分析中文文献的过程。在大学校园网 IP 下登录网站，就可以访问学校订阅的 CNKI 资源并下载全文。

如图 2-1 所示，在检索框前可以选择以主题、摘要、篇名、作者等不同方式检索，在检索框中输入检索词，在下方勾选上需要检索的文献类型，单击右侧搜索按钮后，就可以得到检索结果（见图 2-2）。

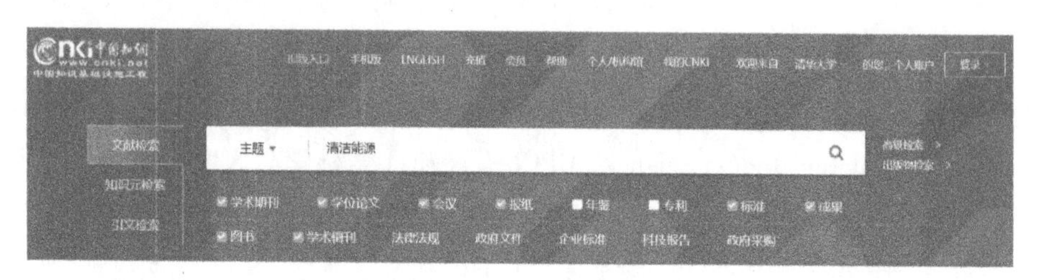

图 2-1　中国知网首页

图 2-2　以“清洁能源”为主题得到的检索结果

中国知网提供了全面、丰富的分类和检索精炼方式。在图2-2中，可以在左侧栏通过选取特定“主题”“学科”“发表年度”“文献类型”等缩小检索范围，检索结果可以按照“相关度”“发表时间”“被引”排序。单击论文标题可以进入查看标题、摘要，下载该论文的全文。

中国知网上可以批量导出下载文献。每个文献序号左侧有小方框，单击勾选需要的文献，“已选”文献数量会不断累积，筛选完成后，单击“导出与分析”，选择“导出文献”，便可以对已选择的文献条目进行导出，可以选择以“引文格式”或各种文献管理软件（知网研学、Endnote、NoteExpress等）的格式导出题录，从而导入对应的文献管理软件中，在软件中进一步进行文献分类、批量下载等操作。

中国知网还可以对检索或所选结果进行计量分析。在图2-2中单击“导出与分析”，选择“可视化分析”，中国知网便会对所选的文献范围统计分析发文量趋势、主要次要主题、学科、研究层次、文献类型和来源、作者和机构等信息。通过阅读这些可视化分析的结果，可以快速、全面地了解该课题的发展趋势、同行研究情况等，对选择投稿期刊也有很好的参考意义。

二、英文文献检索

由于英语是国际化语言，世界前沿性的科学进展大多以英文文献的形式发表，想要全面地关注领域发展、了解学术前沿，就要学会查找英文文献，适应英文文献的阅读。下面以在Web of Science检索“清洁能源”主题为例，介绍英文文献的检索方式和WOS的功能。WOS需要在校园网IP下登录才可以正常使用，其主页网址为https：//www. webofscience. com/。

如图2-3所示，进入网站主页后在搜索框输入“clean energy”，在搜索框前可以选择以主题、标题或作者等选定范围检索，还可以单击“添加行”，增加多个条件的组合来检索，需要多次调整检索条件才能得到理想的检索结果。单击“检索”按钮进入检索结果列表（见图2-4）。

以“clean energy”为主题共检索得到254206条结果，数量太多，需要通过WOS筛选功能进一步缩小检索范围或者从中精选。例如，可以在左侧的列表中输入检索词进一步检索，也可以在不同模块中勾选条件进行筛选。刚开始调研课题时，可以使用后一种方式，勾选“高被引论文”“热点论文”“综述

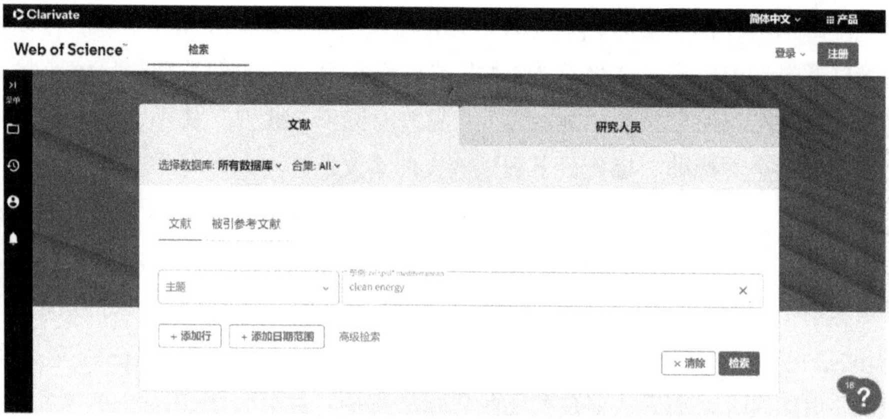

图 2-3　WOS 网站主页

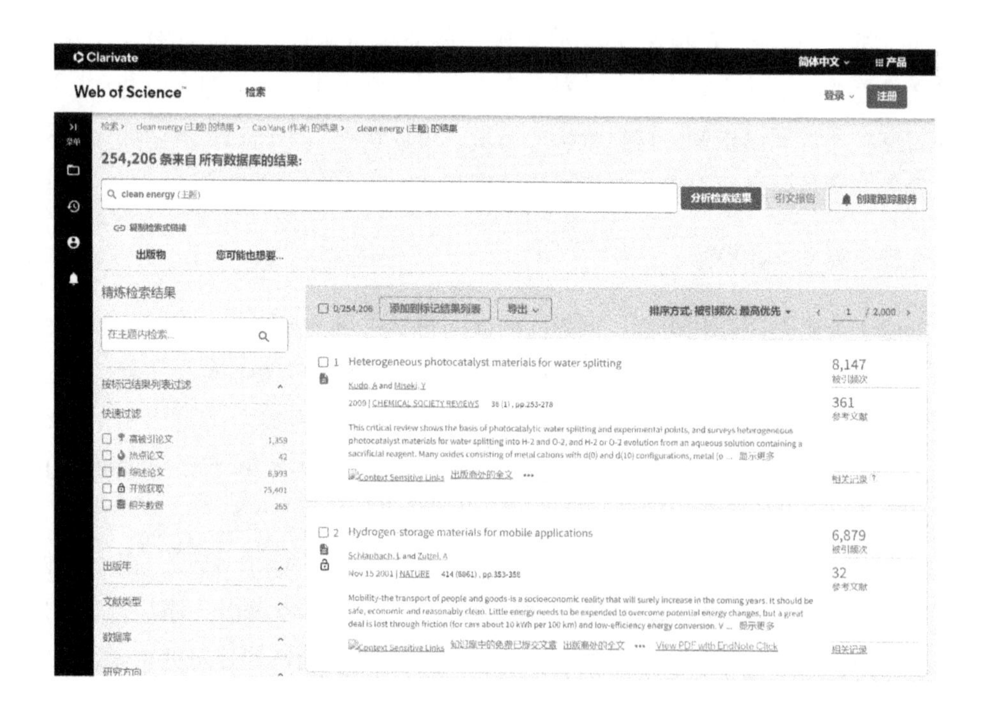

图 2-4　以“clean energy”为主题的文献检索结果

论文”进行精炼，精炼后检索数量还有 578 条，进一步在“出版年”模块中勾选“最近 3 年”以获取最新文献。在以上条件下筛选得到 108 条检索结果，

就可以进行逐条浏览了（见图 2-5）。检索结果可以选择以“相关性”“日期”或“被引频次”等方式排序展示。

图 2-5　在图 2-4 检索结果的基础上进一步精炼检索范围

逐条浏览时，可以先看一下标题和摘要是否与主题相关，再单击期刊（如图 2-5 中的“NATURE”）查看期刊信息，如果需要进一步阅读原文，可以单击“出版商处的全文”跳转到原文网页进行浏览或下载全文。

WOS 可以批量导出检索结果。每个文献序号左侧有小方框，可以勾选上再单击“添加到标记结果列表”，累积一定数量后单击“导出”，根据需要选择不同的导出格式。

第四节　检索软件和文献管理

一、检索软件

查找资料的方法很多，对学生而言最高效、最科学的方法是利用目录索引查找文献。

如何搜寻和定位学术文献。学术文献的搜索引擎：大学图书馆学位论文搜索引擎；Semantic Scholar（http：//www. semanticscholar. org）；微软学术（http：//academic. microsoft. com）；Web of Science（http：//login. webofknowledge. com）；百度学术（http：//xueshu. baidu. com）；中国知网（https：//cnki. net）。

综述的范围与边界：界定研究的前沿、新颖和贡献。即选择性、全面性、批判性和与时俱进。参考文献的数量以 40~60 个为宜，兼具新（前沿）与旧（经典）。要以期刊论文为主，辅以专著和研究报告。利用按图索骥与文献树等方法，通过参考文献向前（被引）和向后（引用）搜索文献。

追踪学术前沿，保持对前沿的敏锐性。看得多，看得好，才能写得好。

二、文献管理

常用的文献管理软件有 NoteExpress、Mendeley、E-study、Zetero、EndNote。这些软件可以提取文献的基础信息（作者、标题、发表时间、文献来源、摘要等），根据这些基础信息进行初步整合，可以为之后的信息图表化做准备。

EndNote 介绍。是不是经常因手动插入文献的频频出错、批量导入文献的无从下手、拒稿后每一次排版的格式修改而烦恼万分？EndNote 中英文兼容的良好性能、万份期刊模板存档的高档配置、组内成员的无障碍分享、不限量文档的存储空间等优秀性能，使 EndNote 在众多文献管理软件中脱颖而出。很多学校的图书馆会购买 EndNote 正版软件，在有效 IP 地址范围内均可下载安装。

第五节 文献管理实例

在文献调研和阅读过程中，可以使用文献管理软件帮助快速便捷地整理、下载文献。目前应用比较广的有 EndNote、Reference Manager 和国内的知网研学、NoteExpress，它们的基本功能和操作方法比较相似，下面以 EndNote 为例

介绍文献管理软件的使用。

安装好 EndNote 软件后，单击菜单栏 File-New，新建 Library，此时这个文件中还没有任何文献（见图 2-6）。一方面，可以通过导入在中国知网、WOS 等检索网站下载的文献题录添加新的文献，操作详见本章第三节。注意：在网站导出检索结果时选择 EndNote 相关格式。另一方面，在 EndNote 软件内就可以对多个数据库直接检索，选取文献添加到 Library 文件中。单击菜单栏 Online Search，选择要检索的数据库（如 Web of Science Core Collection）后点击 choose，选择搜索类型，在输入框中输入关键词（如在 Title/Keywords/Abstract 中检索“clean energy”）单击“search”就可以得到检索结果（见图 2-7）。单击单条结果可以查看该文献的摘要等详情，点击“+”号（见图 2-7 中虚线框标识）可以批量将结果添加到 Library 文件中。

图 2-6　EndNote 中新建的空白 Library

EndNote 最多可以有两级分类，右键单击“MY GROUPS”，选择“Create Group Set”新建第一级并命名，如命名为“Clean energy”，再右键单击“Clean energy”，选择“Create Group”新建第二级，如“Solar energy”，这样可以对文献进行较好的分类（见图 2-8）。

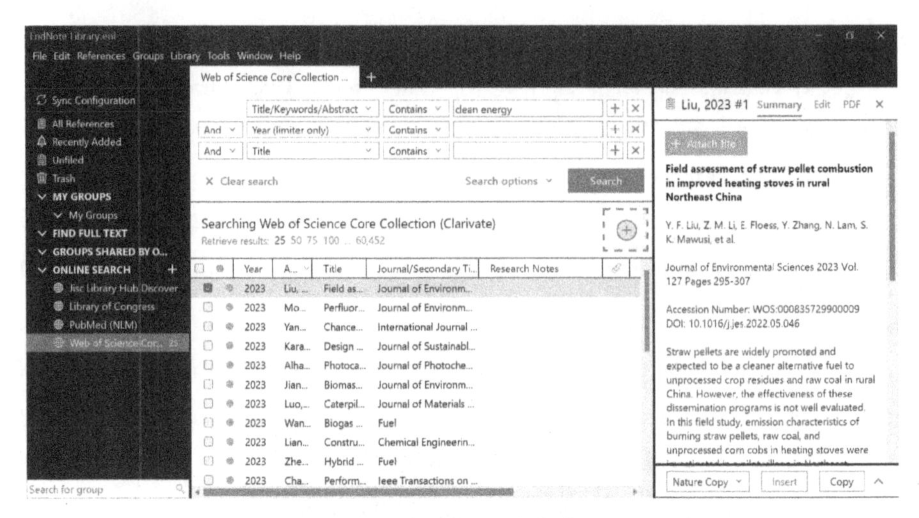

图 2-7　在 EndNote 中检索文献

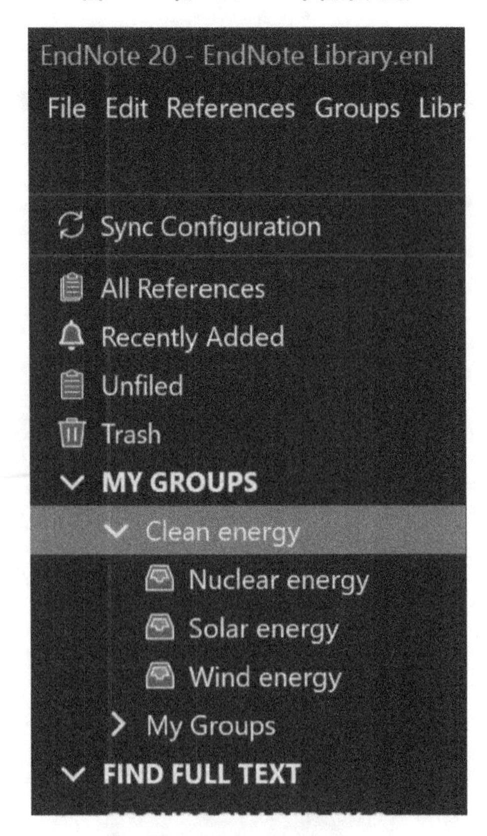

图 2-8　EndNote 的两级分类

第六节 文献引用规范

参考文献是论文中非常重要的一部分，当今的科学研究大多是在前人研究的基础上发展起来的，论文中的参考文献是论文真实、可靠的科学依据；反映出作者对前人劳动的肯定和尊重；便于同行了解该研究领域的动态及采用追溯法查找与此研究方向相关的文献。①

引用参考文献应忠实于原文。在引用文献前，特别是在转引文献时，应当仔细阅读文献全文，确保正确理解作者的意思，引用时应忠实地展示文献的方法或结论，避免更改或使用令人误解的表述。

引用参考文献应优先选择较新的、高质量的论文。在可以表述清晰、达到引用目的的前提下，引用较新的论文更能展示研究的前沿性和研究价值，引用高质量的论文在一定程度上可以凸显论文所研究问题的重要性，在论证观点时高质量的论文也更具权威性，更有说服力。

引用参考文献要注意引用格式的规范化。每种类型的文章、各个期刊的引文格式都不相同，论文在提交或投稿前，应仔细查阅期刊对引文格式的要求，调整好每条引文的格式。

下面以《清华大学学报（自然科学版）》征稿简则（2022 年版）为例。

9　参考文献的要求

9.1　参考文献表的著录原则

（1）本刊所发表科技论文必须列出参考文献表，以便向读者提供有关信息的详细出处，提供论文论点的科学依据，反映科学技术的继承与发展的传承关系，表示作者的严肃科学态度，尊重研究人员（不仅包括其他研究人员，也可以包括该文作者）的前期研究成果。

（2）所引用文献必须是作者本人直接阅读过的、正式出版的、最主要的、最新鲜的相关文献。不能公开的内部资料、个人通信、报纸及未公开发表

① 马三梅，王永飞，张立杰．科技文献检索与利用［M］．北京：科学出版社，2014.

（包括录用待发表）的文章不能作为参考文献。

9.2　参考文献著录表的一般要求

（1）参考文献表应放在文后。

（2）本刊采用顺序编码制，即按参考文献在正文中被引用的顺序进行编码，并在正文中指明其标引处。同一处引用多篇文献时，只须将各篇文献的序号在方括号内全部列出，各序号间用“,”。如遇连续序号，可标注起讫序号。

示例：李刚[4,6] 提出

Petrowski 对稳定区的节理格式的研究[7,10-12]

（3）研究型论文的参考文献，一般不得少于12条。

（4）对中文的参考文献，在中文参考文献之后需要附加英文译文。文献译文与文献原文共用一个引文编号，并在译文之后加注“（in Chinese）”。

9.3　作者人名的表示方法

（1）作者人数不超过3人的，全体作者姓名都列出；作者人数超过3人的，只列出前3人的姓名，余者不写，后面加“，等”或“，et al”。人名之间用“,”分隔，不用“和”或“and”。

（2）不论中国和外国作者，姓名一律“姓在前，名在后”。

（3）外国作者姓名中，姓全部大写，名缩写，但是缩写后不加缩写点。

（4）拼音写法书写的中国作者姓名中，姓全部大写，名缩写，取每个汉字拼音的首字母。

例如，对于作者“Albert Einstein”和“王大中”，应分别写为“EINSTEIN A”和“WANG D Z”。

（5）外国作者的中译名只著录其姓；一篇文献有同姓不同名的外国作者，则其中译名不仅要著录其姓，还需要著录其名的首字母。

例如，对于“UNWIN S”，中文是“昂温”；对于“UNWIN S，UNWIN G”，中文是“昂温 S，昂温 G”。

9.4　文题的表示方法

英文文题首字母大写，其他一律小写（专有名词除外）。

9.5　版本的表示方法

版次通常采用阿拉伯数字序号的形式，如第3版对应的中文是“3版”，英文是“3rd ed”；描述性的版次也应采取缩写的形式（如“New revised edition”缩写为“New rev ed”）。第1版无须标注。

9.6 出版地的表示方法

出版地采用所在地城市名来表示，对同名异地或不为人们熟悉的城市名，宜在城市名后附省、州名或国名等限定词。

9.7 日期的表示方法

日期采用“YYYY-MM-DD”的方式来表示。

9.8 其他注意事项

会议文集名和刊名的英文应用全称，不使用缩写，如“清华大学学报（自然科学版）”英文应写为“Journal of Tsinghua University（Science and Technology）”；起始页码中如果出现转页，可以用“起始页码-终止页码，转页页码”来表示，如“211-215，219”；参考文献中标点符号全部采用英文标点符号。

参考文献必须依照类别格式提供完整的引用信息，不可缺项，否则将视为不可靠文献而被拒绝引用或要求更换。如有不确定的著录项目，请参考国家标准《信息与文献参考文献著录规则》（GB/T 7714-2015）中的参考文献著录格式。

第三章　文章选题

写作研究性文章的目的是希望能够为科学研究所需的一系列技能做出贡献。通过写作，学生可以深化对研究的总体把握，并熟悉研究设计和实施的不同阶段；对可用的一系列研究方法或技术有一定的认识和理解，并有能力解决问题。

选题是决定文章质量的关键环节。根据文章的具体类型，选题的侧重方向会有所差异，但是有些基本原则可以作为选题的依据，如选题要“有用”“新”“量力而为”，如图 3-1 所示。

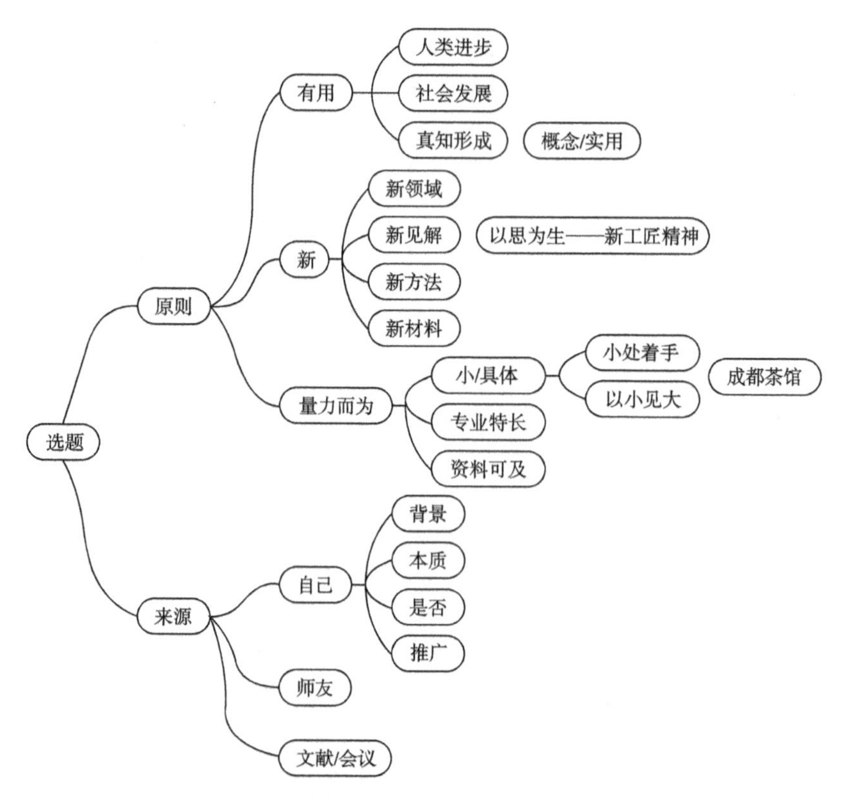

图 3-1　选题的基本原则和主要来源示意图

第一节　选题的基本原则

研究性文章（以下简称“文章”）写作不仅是单纯地诉诸文字的过程，更多的是一个研究与“想”的过程。高校学生文章写作是大学教育的主要培养目标之一。文章写作不仅可以培养学生科学研究和实践相结合的能力，而且可以提升专业素养。在教学过程中，可以从多维度提升学生的文章写作能力，其中，文章选题是最关键的一部分，决定着文章的研究方向和研究方法。在论文设计中，教师起着非常重要的指导作用。学生在选题过程中会遇到一些共性的情况，对其总结提炼分析，可以适用于不同专业学生的选题需要。

如何去寻找好的研究选题？在发现新问题或新假设方面，少有规则或标准可循。好的科学不仅在于严谨，而且在于洞察力（或者说灵感）。Gerring（2012）发现，本质上来说，问题是非程序性的或无规则的，“根本不存在发现新点子的逻辑方法这种东西。发现包含的是‘非理性因素’或‘创造性直觉’”。

科学性原则。选题要遵循事物的发展规律，文章题目要以科学为依据。选题的科学性原则要求学生在选题时秉持严谨、认真、客观的态度，反复检验根据调查研究得出来的相关数据或理论。在选题过程中，学生坚持科学性原则有助于文章的顺利完成，减少失误和错误，提高效率。

可行性原则。文章写作希望可以有突破和深度的挖掘。选题上层层深入，定位于某个具体的点，倘若这个点尚未被前人关注，那么这样的“点”就可能是富有学术价值的“点”。这样的选题虽有一定难度，但也有经过努力获得成功的可能。如果选题千篇一律，则不能充分发挥学生的水平与潜力。

依据兴趣选题。每个人都有自己感兴趣的或擅长的选题方向，这与其知识储备和学术背景有关。要从感兴趣的选题入手，找到要解决的问题，发挥自己的优势。如果对某一选题有兴趣，就会积极主动地去研究探索，会有灵感。依据兴趣选题，既有助于学生了解其感兴趣的领域的基本情况，又有助于其深入了解此兴趣的内在要求，更重要的是，学生可以发现此领域的问题，从而进行深入调研，这样才有助于学生根据兴趣进一步丰富和发展文章。从自己的专业方面选题，才能发挥所掌握的学术优势，研究才容易深入。让独立研究能力比较强的学生自主设计选题比教师给予特定的选题更能反映学生的兴趣和意愿，更容易激发学生的创新性，才很有可能收获突破性的研究成果。

独立性原则。论文设计需要根据学生自身情况而定，有了明确的任务以及相应的研究目的和对象，既能达到培养和训练学生的目的，又能达到研究创新的目的。同时，在指导学生的过程中，教师可以根据学生的知识储备和基本能力素养，有选择地为其分配课题，这样，不同水平的学生都可以有效地达到相应的教学要求，从而达到因材施教的目的。

根据学生的自身情况选题。学生所选的文章题目应该可以使学生为之付出相应的劳动，并从中得到锻炼和提高。同时，也便于教师对学生成绩进行考核。

根据学生的现实需要选题。文章选题应该结合自身的现实需要，对于毕业生而言，应将毕业论文设计与就业结合起来。对即将毕业但已落实了工作单位的学生来讲，通过论文设计可以进一步了解社会及工作单位的情况，更好地适应工作；另外，通过不断地修改和完善论文，可以提高学生的素质，增强应对问题的能力。

第二节　如何做到“有用”

实用性原则是在文章选题过程中首要考虑的原则。文章设计已经成为高校学生教育过程中提升学生素质的重要的教学环节。自然科学领域的选题，一方面体现了科研人员的学术素养。例如，在选题中考虑到科学、合理地使用自然资源，降低消耗和保持生态平衡。另一方面应用性研究应考虑经济效益。有的研究不能立即转化成生产和实践成果，但对于科学理论的发展及解决科学问题具有重要的价值和意义。而社会科学研究是在一定的社会情境下

进行的，在进行研究设计时，除了科学方面的考量之外，还须考虑伦理和政治问题。

因此，对于学生来说，一个好的文章选题非常重要。一方面，应根据学生的所学专业来选题。学生最熟悉的是自己所学的专业，只有选择自己所学专业范围内的课题，才能体现出所学专业的理论和研究方法。另一方面，应根据学生的发展规划来选题。在选题的过程中，学生应根据不同的需求进行相应的选题设计。

第三节　如何做到“新”

创新对发展的推动作用，体现在科学实践和理论方面。“新”的含义是多维的，文章创新性的重要表现可以是新方法、新材料，也可以是新发现、新思想、新观点、新理念、新视角等。文章选题的创新源自学习和实践中遇到的新情况、新问题，或对已有的研究提出新思考、新理解和新的研究方法。学生应秉持实事求是的态度，依据科学事实，根据现实社会发展需要来进行创新。一方面，如果是常规选题，则需立足于已有的基础做进一步的研究，完善理论、创新研究方法，从新角度思考已有材料，重新发掘新论点或找到新的着眼点。另一方面，在前人没有探索过的领域或没有涉足的新题目上做出成果。对于毕业后有就业单位的学生来说，其毕业论文的选题要贴近工作；对于毕业后选择继续深造的学生，其毕业论文的选题应贴近未来的研究，这样学生就可以提前接触未来所学专业的知识，助力未来学业的发展。

创新不仅包括新领域、新材料、新方法，也包括新见解，其中后者对于尚未开展或者没有条件开展科学实验、现场调研的大学生而言是相对更容易实现的。例如，在传统的认识中，“工匠精神”是工匠对自己的技艺精益求精的一种精神，主要偏重于对技巧的掌握和对细节的把握。但是，随着时代的发展，很多以前的手艺活儿已逐渐被机器替代，我们可以在保持其核心特征的前提下进一步拓展“工匠精神”的范围，从对具体技艺的精益求精拓展到思维领域的深入、细致的思考。因此，可以提出“以思为生——新时代的工匠精神”这种具有较好创新性见解的选题。

第四节　如何做到“量力而为”

文章有自己独到的见解才能体现创新。然而，这往往会有较大的风险，因此要量力而为。

文章选题要做到“量力而为”，首先选题不能太宽泛，既要具体，也要尽量与自己的知识结构相契合。即使再有意义的选题，如果作者力不从心也无法圆满完成。如果选题太宏大，则需要对其具体化。只有相对“具体”的选题，才能让文章的分析和讨论变得更清楚和更透彻。在此基础上，可以通过“以小见大”来反映整个事物的发展。更“具体”的选题，有利于更完整地收集与选题相关的文献、资料，获得更全面的数据；同时也不会因数据过多，导致后期处理数据困难。例如，中国城市发展史是一个宏大的选题，要研究透彻这个问题需要很长的时间和大量的人力、物力。为了在有限时间内对这个问题进行研究，我们可以选择其中某个有代表性的城市的某段历史，如成都的近代发展史。这仍然是一个不小的选题，可以对其进一步具体化。例如，选择某种代表性的事物来反映一个城市的发展，茶馆文化在近代发展历史中有特殊的地位，因此，可以考虑通过“成都茶馆”的发展变迁来反映该城市近代的发展。茶馆是很具体的事物，而且收集近代成都茶馆信息的工作量也不太大，因此可以获得文章选题的多方面信息。收集信息之后，可以对其中能够反映城市发展历史的信息进行深入的分析和思考，从而结合“成都茶馆”的发展史，以小见大，提出自己对中国近代城市发展史的独特观点和看法。这样的选题不仅有利于收集资料、信息，也有利于将文章写得更深入、更透彻。

选题要考虑客观条件，如资料、时间、设备、器材、经费等。自然科学领域需要通过实验和充足的文献资料，才能收集到有效的数据，否则难以写出精彩的文章。如果所选的论题在资料的查找与收集上有困难，那么这样的选题是不可取的。[①]

选题要考虑主观条件。首先，要考虑专业与优势。选题应该是自己经过认真学习与钻研之后的必然结果。对自己所学的专业有较多的积累，熟悉前人的已有研究，而且对争论点也心中有数。例如，在这个学科中或在这个领域中，研究的薄弱环节是什么、在哪些方面仍有研究的必要和广阔的前景、学科发展的趋势如何等。正确认识以上问题能够避免选题策划的盲目性，有利于发挥自己的专长与优势。进行科学研究，必须扬长避短，发挥个人的专业特长与优势，避开不熟悉的领域。其次，要考虑自己的能力，选择难易适中的课题。对于同一个选题，不同的研究者掌握和驾驭的程度是大不相同的。对于初次写文章的人而言，选题宜小不宜大。

选题技巧。应以小见大，不同研究流派对研究问题的认识有差异。质性研究：研究问题一开始并不明确，直到数据采集乃至具体写作时，才日趋清晰和明确。量化研究：研究设计前就明确具体细致的研究问题，并能够在研究过程中予以操作化。研究问题需要聚焦、凝练、细化和具体，化繁为简，化大为小，化抽象为具体，化问题为研究变量和假设，并形成研究设计。例如，城市应急管理如何选题、中小学公共安全事件的舆情管理如何选题。

选题要考虑时间及篇幅。在选题时要根据课题的大小和难易程度合理安排时间。文章篇幅的长短，也要根据具体情况，力避多而杂、长而空。另外，在校学生选题时向老师或有丰富科研经验的同学请教，也有利于写作的迅速展开和顺利完成。老师在选题、资料检索、研究方法、写作技法方面给予的启发，不仅可以减少学生摸索的时间，还可以让学生学习老师的研究方法和特点。这样所写的文章可以达到比较理想的效果。在选题过程中，借鉴老师的意见和建议，在遇到难以分辨的问题时，及时与指导教师进行沟通。在保持文章选题独立性的同时，要避免过于独立性的倾向。

选题来源可以多元化，包括自己开展的实验（如制备某种新能源部件），去现场开展的调研（如光伏发电站考察、风电场考察等）。下面以清洁能源主题为案例进行分析，如图 3-2 所示。

---

① 刘孟宇，诸孝正．写作大要［M］．广州：中山大学出版社，2002.

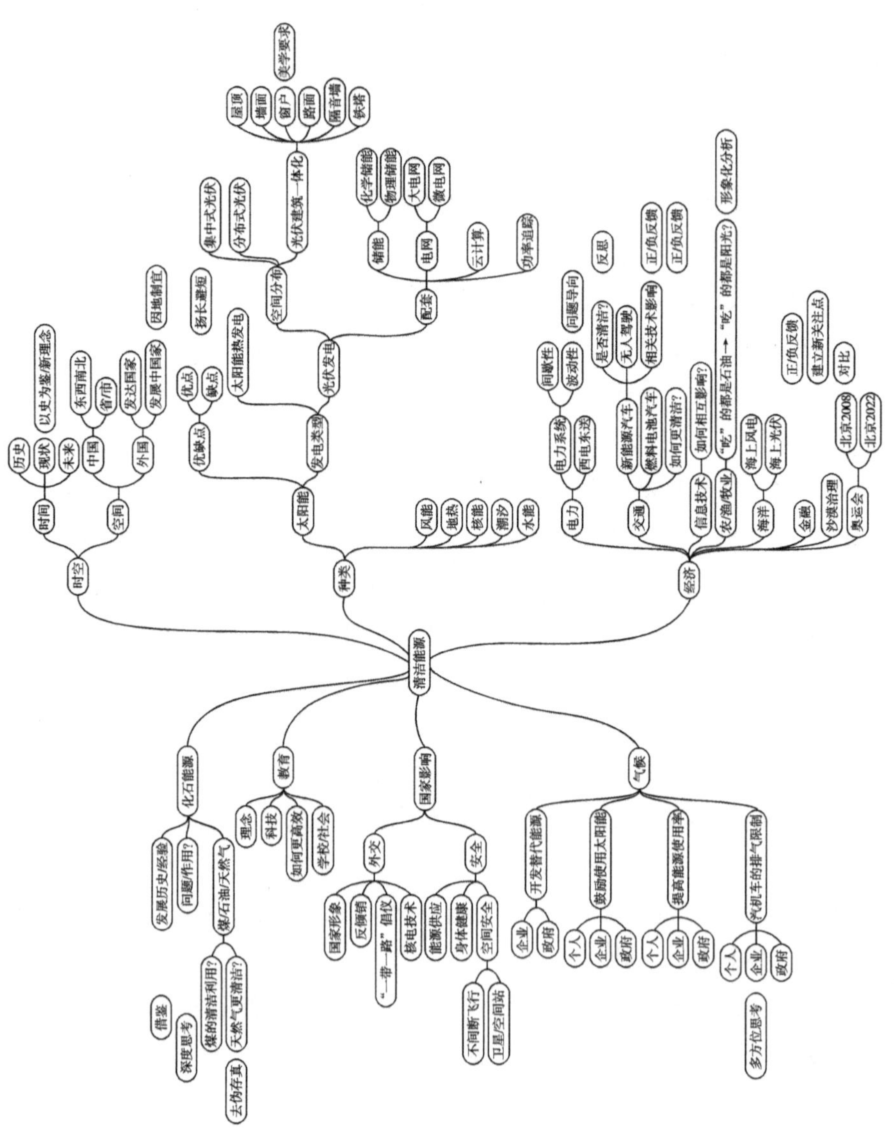

图 3-2　清洁能源相关方向选题思考示意图

第四章　文章结构

文章结构是文章的基本框架。对于科技论文写作而言，一般的科技论文都具有规定的基本框架，以保证对科学问题的论述遵循科学、规范的讨论形式，能清晰明确地展示出文章的内容、结论和观点。预先确定文章的结构，厘清写作思路，可以有序地开展写作工作，能达到事半功倍的效果。

第一节　结构的重要性

文章的结构是文章整体与部分、部分与部分之间内在的联系和外在的统一。文章的结构构成了文章的整体逻辑思路，各部分的作用各不相同又不可替代。好的文章结构在表达上使读者看完后能感到逻辑清晰、观点明确，从而达到科技写作传递思想的目的；在美学上也能展现出语言、事物的美感和层次感。

自然界中的万物都不是独立存在的，而是由多个组成部分以一定的结构形式、相互协同构成的有机整体。以树木为例，一棵树是由树根、树干、树枝、树叶等部分组成的，每个部分都有各自独特的功能，如树根吸收养分、树干运输养分并且支撑树枝树叶、树枝将树叶散开以便接收更多的阳光、树叶进行光合作用提供能量，这些部分协同配合才构成了树这个整体。

一般的科技论文都具有固定的组成部分和显式的大纲结构，以形成一种科学规范的写作范式，便于科研人员之间传播信息、讨论结果。其基本的组成和顺序如下：

（1）标题。标题应凝练地概括出文章所做的工作、取得的成就或要表达的中心思想。一个短小精悍、高度凝练的标题，能很好地吸引读者的眼球，因此，标题需要注意一定的新颖性。

（2）摘要。摘要是对文章主要内容的段落式总结，是文章的一个自我介绍。读者往往没有足够的时间去通读原文，摘要提供这样的窗口，便于读者对文章内容产生初步的把握和兴趣，从而在阅读过程中进行筛选。因此，摘要在科技论文写作中具有相当重要的作用。可以将摘要看成整个文章的一个缩影，通常按照研究工作背景、工作内容、研究成果和研究意义的顺序进行介绍，因此在摘要部分也要有清晰的结构和逻辑思路。

（3）引言。文章的引言是对文章的背景介绍和简要综述，从而引入文章的核心内容进行，在逻辑和表达顺序上，需要按照以下步骤进行：①为什么要研究这个主题，它在科学上或者工程上有什么样的价值；②别人在研究过程中做了哪些工作，还有哪些问题没有解决；③文章要解决的问题、思路和主要结论；④文章的意义和价值。前两个问题的叙述占据引言的主要篇幅，后两个问题则是起到引入作用，只需做简要说明。应注意在语言表达上不要与摘要重复。

（4）正文。作为文章的核心部分，正文所占的篇幅是最大的，向读者传达工作的创造性成果。首先，正文部分应围绕中心论点进行论述，并突出中心论点；其次，论证过程可能存在多个分论点，在组织内容时要层次分明、逻辑清晰；再次，论证过程要做到充分、严密，以有效地支持文章的中心论点；最后，科研工作的论证分析要做到实事求是、科学客观，保证文章的真实性和可信度。除文字叙述外，还可以配上图表等辅助内容的说明。

正文可以包含以下三个基本内容：

第一，材料、实验和方法。研究工作针对的是什么客体、使用了什么材料、采用了什么制备工艺、实验开展设置了什么具体条件、收集数据用了什么方法，数据的处理用了什么分析方法。材料和方法的描述保证了研究工作的透明度和真实性。

第二，实验结果。围绕在引言中提到的科学问题，或某一个具体的分论点，对实验、数据处理后所获得的结果进行描述。对不同的结果，可以利用分小节、副标题的形式进行分类，使对结果的描述有逻辑、有层次。在描述完结果后，可以对结果进行简要的分析和讨论。

第三，结果讨论。对结果进行讨论是体现文章深度的重要方式。对实验现象要进行理论上的分析和归属，对新的实验结果要进行合理解释，对创新性的成果要进行总结和提炼，对后续的问题也可以进行展望。严谨而充分的讨论能使读者对文章产生更深刻的理解，增添写作的深度和可信度。

在行文的过程中，并不需要对以上三个部分从结构上进行严格的划分。比如对某一个结果的描述和讨论，在逻辑和行文上通常是接续的，然后再描述和讨论下一个结果，最后进行升华性的讨论和总结。只要做到层次分明、逻辑清晰，能够有力地辅助文章中心的论述即可。

（5）结论。在文章的结尾需要对文章的主要结果进行总结，提炼出文章的创新点，并再次强调本论文的重要价值。此外，也可以适当地对下一步的工作、继续改进的方向进行展望，使论文具有引领性、延续性，进一步提升整篇论文的价值。

（6）参考文献。除了极少数的、真正具有开创性意义的工作，任何科研工作都是在前人未完善的工作、未解决的现实问题的基础上进行的改进与创新，因此科技论文的写作都有参考文献。参考文献的重要性在于使读者了解本文的写作在领域中处于什么样的位置，对这一主题进行深入的、拓展性的阅读，同时也是学术规范的必然要求，是避免学术不端行为的重要方法。

撰写参考文献部分需要注意文献引用的学术规范，可以参考本书的第二章。

第二节　常见的论文结构

常见的论文结构包括功能结构（引导模块、核心模块、总结模块）和微观结构（段落、句子、图、表）。通过宏观规划全文的功能结构、细致组织和微观结构能够为全文内容，特别是为正文提供更加清晰的逻辑思路，辅助作者的表达和向读者的传递，从而达到更好的写作效果。

一、功能结构

论文的功能结构可以大致分为三个模块：引导模块、核心模块和总结模块。这三个模块只是对论文各部分从功能上、目的上进行划分，论文不会直接呈现出引导模块、核心模块、总结模块的大纲结构。但按照以上三个模块的思路来统筹规划文章的整体结构、对论文内容进行顶层设计，将有助于作者厘清写作思路，专注于内容上的填充，从而提高写作效率。对于读者而言，也很容易适应文章的逻辑思路，从而更好地把握论文各部分的内容。

（1）引导模块。通常指论文的标题、摘要和引言。其中，标题和摘要主要起到激发读者阅读兴趣的作用。标题应能吸引读者的注意力，从而产生阅读摘要的兴趣，摘要则通过对核心模块的概述，激发读者深入核心模块、获取更多细节的兴趣。而引言在功能上主要是对全文论述的全面引入，是全文逻辑的起点。

（2）核心模块。全文说理论证的核心部分，通过对论文中采用的方法、获取的结果进行说明、分析和论证，达到传达论文核心观点的目的。根据论述问题的不同，论述的逻辑思路可以是并列的，也可以是层层递进的。在内容的安排上，以分节分段的形式呈现，对各个子问题、子论点展开论述，抽丝剥茧，最终得到核心结论。通过合理有效地组织文章的核心内容，可以展现出清晰明了、富有层次的逻辑思路，使读者在阅读过程中能够跟上全文的逻辑和节奏，理解起来不费力，从而增加论文的说服力和可信度。

（3）总结模块。通常是文章的结论部分，对整体的研究工作进行归纳总结。总结不只是对研究工作的主要结论进行整理，还应该提炼文章的核心创新点，对工作的科学意义、工程价值进行阐述。适当的时候，还可以展望未来进一步深入开展的工作。通过总结，可以使读者避免陷入过多的细节中，能快速地抓住论文的核心思想和重要结论，对整篇论文的成果和价值做出有效的判断。

此外，在写作某一小节、某一段落时，可以适当地考虑从这样的思路入手来规划小部分的内容，以使论文的论述更加清晰、有层次。

二、微观结构

论文的微观结构包括段落、句子、图和表格等。段落是文章的基本组成单元，各级大纲、各级标题下的内容都由段落组成，而段落又由一个或一组句子组成，以顺畅的说理逻辑来完成对观点的论述。除文字外，图、表等非文字单元的存在作为文字内容的佐证、辅助、补充，使整个说理过程更加翔实、丰富。

（1）段落。段落包括正式段落和非正式段落。非正式段落主要由过渡性的语句和铺垫性内容构成，穿插在正式段落当中，对全文内容进行组织，实现不同段落、不同论点之间的衔接和过渡。就像导游一样，指引读者能循着作者的思路不断深入，同时也能给予读者缓冲和思考的时间，让读者不会在连续的论证过程中迷失方向。

非正式段落可以是导引性的，如“以上讨论了可能性 A，接下来考虑可能性 B”，可以是陈述式的、启发式的，甚至是转折式的。无论是在哪种情况下，都能对读者产生引导作用，使读者对接下来要交代的内容产生心理预期。这样的段落和语句一般都不会很长。非正式段落也可以是对情况的补充说明，如描述一个动机、举一个例子、介绍一个具体的操作方法、引入一组前提条件等，成为对论文核心内容和核心论证的点缀和补充。在做补充说明的过程中，也应注意科学规范、简明扼要，避免喧宾夺主。

正式段落是涉及研究关键信息等实质性内容的段落，按作用可以分成主题段落、数学段落和题注段落等基本类型。

主题段落包含文章的主题、分论点，以及重要的论据和论证过程，因此是论文的核心内容。主题段落按内容的性质可以分成五种基本类型：

分类型（Classification）：将论述对象的特征分成小类别加以论述。

故事型（Narration，Chronological）：按发展和时间顺序对事件进行叙述。

证据与说明型（Evidence and Illustration）：通过数据、事实、例证等支持主题和论点。

对比与比较型（Contrast and Comparison）：将两个或更多的事物进行对比，分析其相似性与不同点，以突出论述对象的特征。

因果关系型（Cause and Effect）：分析、解释观察到的某一个现象，得到的某一个结果。

在撰写主题段落时，也应注意段落内部的逻辑。如果一个主题或论点需要从多个角度进行论述，可以采用分段落的方式，使论述清晰而不过于冗长。

数学段落通常在标准的数学论文中出现，其格式、内容、语言表达、组织原则等都遵循数学学科特定的学术规范要求，包含定义、假设、引理、定理、推论和证明等部分。通常是以一个段落群的形式存在，阐述某一条定理、推论或者证明过程，其中会包含大量的数学符号与公式，并且与其他数学段落的引理或定理形成交叉引用。

题注段落。图表以及图表下方的题注构成了一种结构特殊的段落。作为一种范式化的段落，对图表和题注有相对固定的格式要求，包含起始标签、编号和图片标题三部分，如“图 2. 清洁能源相关方向选题思考示意图”。有时在标题后也会用简要的、注释性的语句对图表内容进行进一步的说明。当图表中包含若干子图表时，应给每一幅子图表配以注释说明。在位置上，题注段落通常插入在正文中首次引用后的当页，或根据页面排版的具体情况顺延到后续页面。

（2）句子。段落通常由一组句子构成。在段落中，每个句子的内容都应与本段落的主题相关。单个句子的内容不宜过多、过长，应只交代一件事情。避免出现语法上的错误。不同的句子之间逻辑要通畅，避免前后矛盾、重复。

句子则由一组词语构成。要使语句的表达清晰没有歧义，也需要讲究用词的准确性和规范性。对专业术语的使用，特别是名词和动词，应注意规范性，尽量使用文献中常用的专业词汇，不能犯科学性的错误；术语描述不要轻易变化，对相同的事物使用同一个术语，对相似事物使用相似术语，对不同事物使用不同术语，并在全文中保持一致；使用代词时需谨慎，以避免在指代上出现歧义；在使用缩写词时，需要在第一次出现时对全称加以说明。

（3）图。在科技论文中，一些研究结果往往以图的形式呈现。一般读者在阅读科技论文时，习惯先通过总览全文的图表来初步把握文章的核心内容和关键信息，再根据兴趣、带着问题仔细阅读文字部分。图的合理组合是全文逻辑思路的体现，借助图来谋篇布局是一种非常好的写作策略。同时，图对全文的说理过程能产生重要的辅助作用，让呆板的文本显得美观、让杂乱的数据显现规律、让晦涩的逻辑显得形象。示意图弥补了语言描述上的不足，使难以表达的特殊结构、复杂流程、抽象概念等更加清晰明了。数据图则让论述对象的数量关系，如大小、变化、快慢、均匀性、分布等特征变得更加直观。

（4）表格。表格是组织、整理数据的一种有效方式，是一种可视化的交流模式。在论文的数据量、信息量较大的情况下，以某种特定的形式将数据信息集中地排列或组合在一起，通过横向或纵向的分析和对比，能使规律性体现得更加清晰直观。表格的使用也能使论文的论证更加准确，更有说服力和逻辑性。

第三节　如何进行结构化写作

科技论文的写作通常不是一气呵成的。在写作的过程中也讲究一定的方式方法。结构化写作就是运用结构化的思维方式，采用结构化的方法和步骤进行写作。先通过结构化的方法构建论文的结构框架，能使论文的逻辑清晰、重点突出、层次分明，同时也有助于作者厘清行文思路。在此基础上，作者能按照一定的写作习惯和节奏更有效地组织和安排文章内容，专注于内容的填充，从而提升写作的效率。

一、结构化方法

在科技论文常见的结构下，标题、摘要、引言、参考文献等部分已经被单列出来，并赋予了明确的功能和意义，在内容编排上难度较小。而论文的正文是文章的主要部分，占据的篇幅最大，涉及的素材、信息量很多、很复杂，在写作过程中常常难以厘清头绪，无从下笔，也容易产生逻辑上的混乱。可以采取以下的思路对正文部分进行合理的分解和规划：

（1）分层次。按照重要性对正文各部分进行划分，从而能够使文章层次分明、重点突出。围绕文章的中心论点，正文部分可以细分为多个并列的或递进的分论点，单个分论点之下又可以划分为多个论据。这样形成的“金字塔形”的结构实现了文章纵向上清晰的结构层次，上层结论是对下层信息的概括和总结，下层信息则是上层结论的解释说明。这样也自然实现了文章的分节分段，保证了文章外在结构上的美观（见图 4-1）。

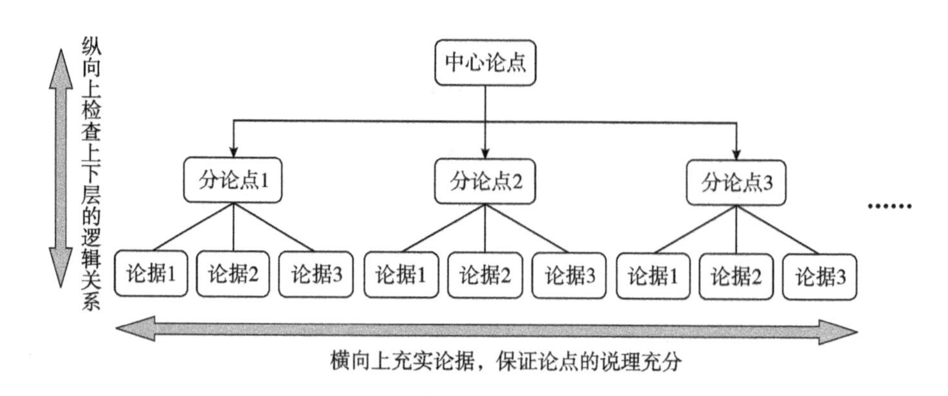

图 4-1　结构化写作文章层次

（2）有序排列、不重不漏。将所有的论点和论据进行整合，对于具有相似性或相互关联的信息进行分类，按照一定的逻辑递进顺序填充到每个分论点对应的模块中。纵向上检查上下层的逻辑关系，横向上充实论据，保证论点的说理充分，从而做到全文的逻辑严密、不重不漏。

二、有序组织

在划分论文层次的基础上，对同等重要性的内容进行有序组织，形成清晰的横向结构。抓住论文的线索是有序组织论文内容的有效方法。常见的论文线索有时间顺序、空间顺序、事情的发展顺序等。在写作科技论文的过程中，常常会遵循一定的逻辑顺序来展开。如在组织分论点时，可以按照先熟悉后陌生、先重要后次要、先公认观点后争议性内容的思路来进行；针对某一子研究对象的论述，按照先微观后宏观、先整体后局部、先现象后本质、先方法后结果的顺序来有效组织内容；针对某一子问题，可按照问题的提出、分析和解决的思路展开。

第五章　说理论证

第一节　观点与论证

一、确定议题

议题的概念主要是指不确定的或存在争议的问题所组成的不明确的复合体[1]。因而当一个议题出现时，其所包含的问题繁多，若不经过深入、系统的讨论和论述，则会造成议题探究过于肤浅或是偏离了议题本身的主旨，不能很好地解决所存在的问题，因此确定好议题显得尤为关键。

确定议题的重要性是指，在日常生活中，时常会出现在论证某一问题的过程中由于没有搞清楚问题的本质或核心，造成了不但论证结果存在较大分歧，而且也不能充分表达论证者的观点，在一定程度上降低了问题解决的效率。因此，需要通过一定的方法或手段来确定议题，提高沟通效率，增强对问题研究的深入程度。接下来将在确定议题的基础上从论证的命题、前提、结论三个方面来具体阐述。

命题：能够清晰表达且直观反映观点对错的陈述。在确定议题的过程中，命题必须是能够直观反映观点的正确或错误的陈述性语句。例如：

（1）青蛙有四条腿。

（2）金鱼有两只眼睛。

（3）太阳从西边升起。

（4）今天室外会下雨吗？

（5）李华去参加马拉松比赛了，取得了男子组冠军！

其中，第（1）、第（2）、第（3）、第（5）句话都称为命题，第（4）句话不是命题。因为第（4）句话不能确定是否会下雨，这种无法直接反映事物对错的非陈述句不能称为命题。由于第（1）和第（2）句话是众所周知的常理，因此属于正确命题，但第（3）句话显然不符合常理，因此属于错误命题。第（5）句话实际上属于复合命题，因为包含了两个命题内容。第一个命题是李华去参加马拉松比赛了，第二个命题是李华取得了男子组冠军。综上所述，对命题概念的把握是确定议题的重要一环。

前提：能够为下一个推论或者结论的得出提供理由的命题。前提是在论证过程中特别是对结论的得出起着至关重要的作用。可将前提分为常理性前提、价值观前提和补充性前提。常理性前提主要是指符合人们常规认知的命题前提，如"北京是中国的首都"，这句话中已经包含了人们的常理性知识。价值观前提主要是指在常理性前提的基础上掺杂了人们的一种潜在价值观的命题前提，如"学生逃课是一种错误的行为"，在这句话中，已经涵盖了人们价值观中对学生逃课这种行为的否定。而补充性前提是指需要对前提进行补充说明的命题，如"教学楼内安装了方便师生饮用水的饮品自动售货机"相较于"教学楼内安装了饮品自动售货机"的命题，更加突出了该自动售货机的作用。

结论：结论是指受到肯定或否定的命题，这里应特别注意与命题自身正确与否的区别。结论最终能够说明论证的目的和结果，因此其具有鲜明的观点和立场。

二、评价论证

对论证的评价是对论证在命题、前提、结论等的综合评判。下面从清晰性、可靠性、相关性、完整性、合理性五个维度进行具体评价论证。

（1）清晰性。清晰性是指论证表述得明确与否，是否能够让听者获取直接有效的信息，而不被一些含糊不清的论证表述所迷惑。

（2）可靠性。可靠性是指论证所述的内容是否有理有据，而不是那些被蛊惑或者偏离事态本身发展方向的内容。

（3）相关性。相关性是指在一段论述中，前提与结论之间的关联性。包括前提能够有效地为结论提供必要的信息。但是，有些前提看似为结论提供了一定的相关信息，但实际上二者并没有直接的必然联系，也难以说明其相关性。

（4）完整性。完整性是指论证中的命题、前提、结论的表述完整性。特别是前提的完整性，对整个论证起到很关键的作用。因为当前提的表述不准确，缺少关键信息时，则会对结论产生直接的消极影响。

（5）合理性。合理性是指前提是否合理正确，能否为结论提供合理且必要的论据。假若前提本身就不够合理，显然大概率会造成结论的不准确甚至错误。当然，还有值得注意的一点是：即使论证不能直接说明事物的合理性，也不能就此判定事物的对错。

第二节　常见的论证方法

一、归纳论证

归纳论证最显著的特点是其一般具有推测性的语句描述，如“可能”“很可能是”“非常有可能”等，通过前提的推测性描述来推理结论的形成。因此，在归纳论证这一范围内，其往往只能证明结论的强或弱，而不能直接说明真或假。本节将从归纳论证的概括、类比、因果来具体阐述。

概括：概括是将事物的本质通过几个典型样本特点进行归纳概括，并推导出具有一定普适性的结论。如“李华不仅喜欢吃芹菜，也喜欢吃菠菜和茼蒿”，可以概括出结论：“李华喜欢吃茎类蔬菜”。虽然结论不一定完全正确，但是通过多个前提描述概括、推理出来的。

类比：类比是将多种事物进行类比得出结论的方式。常见的描述性话语包括“相比”“如同”等。例如，“人们通过观察萤火虫的习性及发光特性，研究发明了人工冷光，以此降低发光器件的热损失”，这是一种典型的借助已有的自然界现象来类比的例子。

因果：顾名思义，是通过因果关系来归纳论证的方式。如“今天室外温度零下10摄氏度，因此外边的河水会结冰”，这也属于人们的一些常规认知，因此这种因果关系的归纳论证经常出现。但是，需要注意的是，还有很多因果推理并不明确，这样可能会造成结论的错误。特别是有些结果不是由一种原因造成的，因此这类的因果归纳推理需要格外注意因的完整性。

二、演绎论证

前面讲到，归纳论证的特点是，前提为结论提供了支撑，但演绎论证的显著特点是，能够为结论提供更加有效和充足的前提证据。描述性语句包括“必然是”“千真万确”“理所应当”等。演绎论证的类型主要分为排除法论证、数学法论证、定义法论证三种[1]。具体阐述如下：

（1）排除法论证。通过已有的多个前提，结合逻辑判断，逐一排除不可能信息从而得到最终结论的方法。例如，“机坪上停放了4架飞机，李华需要乘坐的是由北京到上海的国航宽体机航班，李华究竟应该登上哪一架飞机？第1架和第4架飞机分别是东航和南航的飞机，因此最先排除。第2架和第3架飞机分别是国航的窄体机和宽体机，显然排除了第2架飞机，选择第3架飞机由北京前往上海”。

（2）数学法论证。通过前提已给出的数据，采取数学计算的方法得出结论。例如，“游泳池长50米，李华要游2个来回，因此他总共要游200米”。在这个例子中，因为是2个来回，共计4个50米，因此总长度为4乘以50，得到200米的结论。

（3）定义法论证。定义法论证最大的特点是论证结果一定是正确的，因为给定的前提均为定义。例如，“李婷是李华的妹妹，因此李婷是一名女性”。显然妹妹这一称谓是指女性，因此结论也一定正确。

在演绎论证的过程中，常常采用三段论的方式进行，主要分为假言三段论和直言三段论，具体阐述如下：

假言三段论又称假言推理，是以两个假言命题作为前提、一个假言命题作为结论而构成的推理。在经典逻辑中，假言三段论被视为一种有效的论证形式，因为当条件句被解释为实质条件句时，若前提为真，则结论必定为真[2]。它的表达式为：

$P \to Q$；

Q→R；

因此，P→R。

假言三段论可以分为三种基本形式：肯定前件式、否定后件式和连续论证式。它在形式上总被认为是有效的。然而，有例子表明，正确的前提通过假言三段论推理，却可能得出错误的结论，也就是说，并非所有的有效论证都是合理的。例如，关于滑雪的案例：

S1：如果昨天这个山谷下雪了，那么我就去滑雪了；

S2：如果昨天发生了雪崩，那么昨天这个山谷下雪了；

S3：因此，如果昨天发生了雪崩，那么我就去滑雪了。

即使S1和S2都是真的，推理符合假言三段论推理，然而，结论S3却是假的，假言三段论在这个例子上失效了[3]。它是一个有效的论证，但不是一个合理的论证。由此可以得出结论，任何逻辑原则的使用都是语境不可错的，都是有语境限制的，超出其应用范围都是无效的[4]。

直言三段论是所有前提都是直言命题的演绎推理。三段论是由包含着一个共同词项的两个直言命题（性质判断）推出一个新的直言命题的推理。在词项逻辑中，直言命题是陈述（肯定或者否定）类之间的（全部或者部分）包含关系的命题，一项直言三段论由一项结论和两项前提组成，其中包括三条词项，每条词项在三项命题的两项中各出现一次。它可以表示为256种标准形式。在词项逻辑中，直言命题所表达的是类之间的关系，也就是肯定或者否定某个类全部或者部分地包含于另一个类之中。因此，直言命题主谓项外延关系其实是数量关系，陈述直言命题这种主谓项外延关系的联结词就是量词，标记为Q。设论域为M，直言命题一般标记为Q<X，Y>，其中X是Q的主项，Y是Q的谓项[5]。从任一直言命题形式Q<X，Y>出发，可以通过否定的方式定义以下三个直言命题形式：

Q~<X，Y>Q<X，M-Y>。其中，Q~是Q的内否定。

~Q~<X，Y>~Q<X，M-Y>。其中，~Q~是Q的对偶否定。

~Q<X，Y>⇔~Q~~<X，Y>~Q~<X，M-Y>。其中，~Q是Q的外否定。

一般地，直言命题的周延方向性包括向上不周延和向下周延两种情况。所谓向上不周延，就是直言命题中不周延的词项（主项或者谓项）可以向上被较大外延的属概念词，甚至相等外延的概念词所替换；并且，如果原来的命题成立，那么如此替换后所得命题仍然成立。所谓向下周延，就是直言命题中周延的词项（主项或者谓项）可以向下被较小外延的种概念词，甚至相等外延的概念词所替换；并且，如果原来的命题成立，那么如此替换后所得命题仍然成立。

一般的三段论形式如下：

- 大前提：所有 M 是 P
- 小前提：所有 S 是 M
- 结论：所有 S 是 P

其中，S 代表结论的主词（Subject），P 代表结论的谓词（Predicate），M 代表中词（Middle）。

三段论的命题可分为全称（Universal）、特称（Particular），及肯定、否定，组合起来有以下四类语气（Mood），如表 5-1 所示。

表 5-1 三段论的命题类型

类型	代号	形式	范例
全称肯定型	A（SaP）	所有 S 是 P	所有人是会死的
全称否定型	E（SeP）	没有 S 是 P	没有人是完美的
特称肯定型	I（SiP）	有些 S 是 P	有些人是健康的
特称否定型	O（SoP）	有些 S 不是 P	有些人不是健康的

三段论中，结论中的谓词称作大词（P，或称大项），包含大词在内的前提称作大前提；结论中的主词称作小词（S，或称小项），包含小词在内的前提称作小前提；没有出现在结论，却在两个前提重复出现的称作中词（M，或称中项）。将以上整合在一起，三段论的大前提、小前提、结论分别可为 A、E、I、O 型命题。根据大词、小词、中词的排练方式不同可以分为 4 种格。三段论依语气与格的分类缩写，例如，AAA-1 代表“大前提为 A 型，小前提为 A 型，结论为 A 型，第 1 格”的三段论。

根据传统直言命题周延方向性的性质，可以规范整理传统三段论有效式[6]，如图 5-1 所示。

第一格：AAA(AAI)

$$\frac{M\subseteq P \quad 所有S是M\uparrow}{\therefore 所有S是P\uparrow}\quad(\therefore 有S是P\uparrow)$$

AII

$$\frac{M\subseteq P \quad 有S是M\uparrow}{\therefore 有S是P\uparrow}$$

EAE(EAO)

$$\frac{所有M\downarrow不是P \quad S\subseteq M}{\therefore 所有S\downarrow不是P}\quad(\therefore 有S\uparrow不是P)$$

EIO

$$\frac{M\subseteq \tilde{p} \quad 有S是M\uparrow}{\therefore 有S是\tilde{p}\uparrow}\quad \therefore 有S不是P\downarrow$$

第二格：AEE(AEO)

$$\frac{P\subseteq M \quad 所有S不是M\downarrow}{\therefore 所有S不是P\downarrow}\quad(\therefore 有S不是P\downarrow)$$

EAE(EAO)

$$\frac{所有P不是M\downarrow \quad S\subseteq M}{\therefore 所有P不是S\downarrow}\quad \therefore 所有S不是P\downarrow \quad (\therefore 有S不是P\downarrow)$$

AOO

$$\frac{P\subseteq M \quad 有S不是M\downarrow}{\therefore 有S不是P\downarrow}$$

EIO

$$\frac{所有P不是M，即M\subseteq\tilde{P} \quad 有S是M\uparrow}{\therefore 有S是\tilde{P}\uparrow}\quad \therefore 有S不是P\downarrow$$

第三格：IAI-3

$$\frac{有M\uparrow是P \quad M\subseteq S}{\therefore 有S\uparrow是P}$$

AII-3

$$\frac{M\subseteq P \quad 有M\uparrow是S}{\therefore 有P\uparrow是S}\quad \therefore 有S是P\uparrow$$

OAO-3

$$\frac{有M\uparrow不是P \quad M\subseteq S}{\therefore 有S\uparrow不是P}$$

AAI-3(EAO-3)

$$所有M\downarrow是(不是)P \quad (\therefore 有M\uparrow是(不是)P) \quad \frac{M\subseteq S}{\therefore 有S\uparrow是(不是)P}$$

EIO-3

$$\frac{M\subseteq\tilde{P} \quad 有M\uparrow是S}{\therefore 有P\uparrow是S}\quad \therefore 有S不是P\downarrow$$

图 5-1 传统三段论有效式[6]

第三节 非逻辑谬误

非逻辑谬误是指结论依据语言、心理等方面的因素从前提直接推出，并且这种推出关系是无效的[6]。谬误不再是“违反逻辑规则”，而是由于破坏了批评性论辩规则导致合作规则的失败。在政治、军事、经济、文化等几乎所有的社会生活领域中，都存在非逻辑谬误的实例[7]。

一、歧义谬误

歧义谬误包含词语歧义和构型歧义。

词语歧义是指同一个语词指代两个不同的概念，拥有两种不同的意义。它是由部分的歧义造成整体理解的谬误。

构型歧义不同于词语歧义，是指由于句子的语法结构不确定、不严谨而产生的多种含义，也就是整体上的歧义。例如，“咬死牧羊人的狗”既可以理解为偏正短语，意为“把牧羊人咬死的那条狗”；又可以理解为动宾关系，意为“把牧羊人拥有的狗给咬死了”。

二、不相关谬误

不相关谬误包括人身攻击谬误、以偏概全谬误、稻草人谬误等。

人身攻击谬误是通过攻击辩论对方的道德、品格或个人境况，而不是使用与辩题相关的有力理由来否定对手主张的行为。事实上，辩论者的道德、品格或个人境况、兴趣等并不会影响此人的论证质量，但人身攻击谬误拒绝讨论信息本身，而是针对传播信息的人进行攻击。

以偏概全谬误属于在归纳过程中由于考虑的样本过于片面而出现的谬误。这种谬误形式在生活中也常出现。例如，在早期的西方电影中，其他种族的形象常常是贫苦的或者邪恶的，这与少数其他种族人由于各种原因流落到西方从事底层劳动工作有关，用少数人的形象概括一个群体的形象，就是以偏概全谬误的典型代表。

稻草人谬误是指在论辩中有意或无意地歪曲理解论敌的立场以便能够更容易地攻击论敌，或者回避论敌较强的论证而攻击其较弱的论证的谬误论证。对手的观点明明是 A，但为了方便自己批驳对手，将对手的观点推向一种极端，或者贴上某个不全面的标签，将观点歪曲成 B，然后大肆批评被歪曲后的 B 观点。该谬误如同树立一个假想的稻草人进行攻击，因此得名稻草人论证。例如，当对手建议网络平台减少娱乐新闻的曝光量时，将对手的观点曲解为“禁止关注娱乐新闻”，用“人们的生活需要娱乐新闻的调剂”进行反驳。

三、诉诸不当权威

诉诸不当权威是在论证过程中诉诸的对象对所讨论的问题并不能合理地宣称权威下产生的谬误。这种谬误在我们的日常生活中经常出现，例如各类电视节目为追求收视率，经常聘请人气高的影视明星担任点评嘉宾，然而影视明星对于不同节目的内容，并不一定能给出富有专业性的判断。即他们并非该领域

的权威，节目组却出于收视率的考虑，将点评的责任诉诸不当权威。

参考文献

［1］朱迪丝·博斯．独立思考：日常生活中的批判性思维［M］．北京：商务印书馆，2019.

［2］Wright C. Keeping Track of Nozick［J］. Analysis，1983（43）：137.

［3］曹剑波．假言三段论的困境及其语境解释［J］．厦门大学学报（哲学社会科学版），2015（3）：151-156.

［4］苏庆辉．论语境中的假言三段论［J］．厦门大学学报（哲学社会科学版），2018（1）：158-164.

［5］戴春勤．直言三段论模型建构与解释创新研究［J］．贵州工程应用技术学院学报，2018，36（4）：59-63.

［6］欧文·M. 柯匹，卡尔·科恩．逻辑学导论［M］．北京：人民大学出版社，2007.

［7］张焱．谬误是什么——从传统逻辑到非形式逻辑［J］．前沿，2005（3）：32-35.

第六章　文章图表

文章最主要的作用是向读者传递信息，相对于文字而言，图表可以更直观地传递信息，因而也是文章的重要组成部分。本章主要介绍文章中图表的基本要求、使用方法和规则。文章图表中的各项内容应准确、清晰、完整、易读。图表并不是越多越好，根据其必要性，能用简短的文字即可表达清楚的内容，则不必使用图表。图表是文章写作的重要部分之一。优质的图表在更完整、更形象地展示工作的同时，还会给读者深刻的第一印象。通过文章图表的设计、制作和修改等工作，作者可以对研究的各项具体内容加深认知，并能够通过图表所展示出来的形象化信息，提取更深层次的研究发现和价值。例如，在文献述评部分，巧妙运用图表会比使用大段文字更加清晰直观，既有助于进行总结，也有助于读者的阅读和理解。

第一节　图表对文章的作用与价值

一、直观呈现数据

图像记忆能力是生物的本能，属于人类天生所具备的，而文字记忆能力并非人类天生即掌握的，必须经过后天的文字学习和训练才能学会，而且难度高，所以在生理层面上，技能性的文字记忆比不上本能性的图像记忆。图表应紧接在第一次提到它的相关文字段落的后面，这样便于阅读理解。人类左脑的主要功能是处理抽象信息，如文字和数据，具有分析、理解和判断的抽象思维功能，以及逻辑性和合理性特征。人类的右脑也称图像脑，主要用于处理

某些特定信息，如声音和图像，具有创造力、灵感和想象力的功能，以及感性和直观的特点，专注于处理随机、虚拟和多感官图像信息。一般来说，绝大部分人的右脑比左脑更发达。这也在一定程度上决定了人们通常更倾向于观察和欣赏相对文字更形象化的图表。

世界上最早的文字是公元前3400年左右出现在古代中东地区的楔形文字，由古苏美尔人所创，属于象形文字，多类似于图像表现的形式。又如中国早期文字——甲骨文，原始图画文字的痕迹还是比较明显的，象形意义也尤为明显。如果用图表能更好地展示实验数据，就有如为论文注入了灵魂。科学研究通常是讲究重复性的，即便针对单一的观点，也需要大量的实验数据加以支撑。而科技论文受限于篇幅，无法以文字形式展示大量的实验数据。同时，读者通常难以对一些抽象的复杂数据形象化。因此，为了更加清晰、简洁地呈现更多的实验数据，通常需要以图表的形式加以辅助。

读者在接受大量信息后会产生大脑疲惫的自我保护机制，因此在写作伊始，就要将文章尽量简洁化，使读者在更短的时间提取更多的信息。相对于以文字表述大量数据，图表的单位信息展示量更大，可以在短时间内为读者提供更多、更形象化的信息。

二、帮助读者理解

每一项新的科学研究课题，都具有专业性和某种程度的创新性，而这也对文章写作提出了要求——帮助读者更快地理解研究内容和研究发现。

统计学家约翰·图基（John Tukey）说过：一幅图片的最大价值在于它能迫使我们注意到我们从未预料到的东西。例如，常见的x-y轴散点图，对于数字形式的数据，研究人员和读者通常难以对x轴数据和y轴数据进行有用的直观分析，而借助x-y轴散点图却可以获得更突出的发现。第一个现代散点图被认为是由天文学家约翰·赫歇尔（John Herschel）创造的。1833年，约翰·赫歇尔借助噪声双星测量的散点图提炼出了恒星发现的规律。

作为一种学术交流的普遍方式，图表适合快速有效地传递来自复杂数据集的信息。统计分析的目标是数据简化，通过几个简单的度量来表示大量的数据，而图表则保留了数据的完整信息。图表利用人类大脑的强大功能来识别视觉/空间模式，快速地将文字数据转成图片，使研究人员和读者对实验数据在宏观和微观两个层面都可以快速地发现问题。

一些实验数据并不能直接被研究人员利用，通常需要进行一定的数据分析。数据分析的目的是把隐藏在一大批看来杂乱无章的数据中的信息集中和提炼出来，从而找出所研究对象的内在规律。在实际应用中，数据分析可帮助人们做出判断，以便采取适当行动。数据分析是有组织、有目的地收集数据、分析数据，使之成为信息的过程。经过计算机技术和统计学多年的发展，目前研究人员通常会利用软件对图表化的数据直接进行处理和分析。例如，一些研究需要线性拟合、微积分、峰值拟合等操作，以揭示不同的数据之间存在的关系，将文本化的数据转变为可用的信息。这更有利于研究人员的进一步研究，也有利于论文观点的表述和写作，同时也能为读者提供对研究工作更有价值的理解。

学术论文中的图表在表现数据、传达信息、辅助文字方面起着重要作用。图表可以直观高效表达数据观点，启发思考数据的本质、分析数据揭示的规律，以较小的空间承载更多的信息，并真实准确地展示数据。

吴静（2018）总结了图、表的特点及其在学术论文中的使用规范。图表有助于清楚、直观地从数据分析中找出和论文主题相关的重要发现。

将数据用图表表示出来，可形象、直观、生动地描述数据大小、变动趋势、分布情况以及反映事物内在的规律性和关联性，以便阅读、比较和分析。图表是一种很好的将对象属性数据直观、形象地“可视化”的手段，可以达到两个目的：一是表现数据；二是传达信息。

明确数据要表达的信息

不同的数据可以传达不同的信息，甚至相同的数据也可以因不同的目标、立场和价值判断而传达不同的信息。因此，要明确数据所要传达的信息，确定主题和观点。

确定数据的相互关系

不同的信息意味着不同的数据相互关系，也将影响到最终图表的选取。确定数据关系是介于明确信息和选择图表之间的一个过程。

图表类型包括饼图、条形图、柱形图、折线图、面积图、圆环图、雷达图、气泡图、曲面图、股价图等。学术论文中用于数据表达的四种常用图表：饼图、条形图、柱形图、折线图。图表的合理使用对读者清晰理解数据所要表达的信息至关重要。根据不同的数据关系可选用不同的图表类型。有些图表类型可以显示多种数据关系，有些数据关系也可以由多种图表类型表达。

创建有效的图表

在学术论文中，图应有图序，表应有表序，按照图表在文中出现的先后顺序以阿拉伯数字从“1”开始连续编号，为“图 1”“图 2”“图 3”等。即使全文只有 1 个图也要提供图序，为“图 1”。图题应简明确切地突出图的核心信息，如时间、地点和事项。图序和图题之间空 1 个字距，中间不加标点符号，居中排在图的下方。

必要时应将图表中的符号、标记、代码以及需要说明事项，用最简练的文字，作为图注，排在图表下方。横纵坐标轴要分别标明横标目（单位）和纵标目（单位），分别说明水平轴和垂直轴代表的指标和单位。

创建图表后，应检查图表是否真实地展示了数据，是否表达了有效的观点，是否与文字叙述有机结合。

SmartArt 图形是从 Microsoft Office 2007 开始新增的一种图形功能，SmartArt 图形能简便、快捷、轻松地创建“列表”“流程”“循环”“层次结构”“关系”“矩阵”“棱锥图”7 种图形类型，而且每种类型包含几个不同的布局。

在选择图形类型和布局时，先明确需要传达什么信息以及希望信息以哪种特定方式显示。

资料来源：吴静．在学术论文中规范、有效、恰当使用图和表［J］．天津科技，2018，45（2）：92-96.

第二节 典型图表介绍

一、表格

表格既是一种可视化交流模式，也是一种组织整理数据的手段。制作规范的表格可以避免文章冗长、繁杂的文字叙述，以节省版面；另外，利用表格横纵交叉的特定位置描述，可以把大量的数据以一定规律排序，使其系列化、系统化，进而发现深入的规律，引出结论，揭示趋势；此外，设计合理的表格可以调整版面，使文章美化。在制作表格前，首先需要明确是否需要使用表格。一般来说，表格会用来描述文字难以表达或者不能完全表达的数据内容，例如，描述的重点是对比量、具体数值的准确程度，或定量反映事物的变化过程和结果的一系列数据，通常采用表格。例如，表 6-1 清晰地展示了四种不同条件下制备的太阳能电池的各种关键参数。这些数据如果仅用文字描述，不仅会占用大量篇幅，而且很难直观地看出各种条件制备的太阳能电池的差异和优缺点。

表 6-1　不同条件下制备的太阳能电池主要参数

样品编号	光电转换效率（%）	短路电流（mA cm^{-2}）	开路电压（V）	填充因子（%）
条件 1	21.54	23.35	1.141	80.83
条件 2	21.43	23.48	1.138	80.19
条件 3	23.86	25.50	1.129	82.84
条件 4	24.22	25.47	1.137	83.60

资料来源：清华大学太阳能转化与存储实验室。

表格的规范使用

表序和表题。在学术论文中，表序和表题之间空 1 个字距，中间不加标点符号，居中排在表格顶线上方。表序即表格的序号，要按表格在文中出现的先后顺序以阿拉伯数字从“1”开始连续编号，为“表 1”“表 2”“表 3”等。即使全文只有 1 个表格也要提供表序，为“表 1”。表题即表格的标题，用以表明表格的主要内容，应简明准确地突出表格的核心信息，如时间、地点和事项，但不能过于简单或笼统，也不能过于烦琐或冗长。

表头（项目栏）和表身。表头是顶线与栏目线之间的部分。项目栏一般要放置多个栏目（标目），栏目能反映表身中该栏信息的特征或属性，同一栏目下的信息具有某种共性，因而对于理解表中数据至关重要。三线表的规范编排原则是数据“竖读”，也就是说，表身内同一栏各行的数值应纵向竖排于共同的标目下，便于读者从上而下阅读。

表身是底线以上、栏目线以下的部分，它容纳了表格内的大部分信息

（数据或文字），是表格的主体。表内的数字不带单位符号，百分数也不带百分号“%”，应把单位符号和百分号归并在栏目中。若所有栏目的单位相同，应将该单位标注在表的右上方，不用“单位”二字。

表内相邻行或列的数字相同时仍需重复填写，一一列出，不能用“同左”“同上”等字样代替。

表内无数字的栏内，应区别情况对待。GB 7713—1987《科学技术报告、学位论文和学术论文的编写格式》中规定：表内“空白”代表未测或无此项，“-”或“…”（因“-”可能与代表阴性反应相混）代表未发现，“0”代表实测结果确为零。

表内数字的小数点用“.”表示。大于999的整数和多于三位数的小数，一律用半个阿拉伯数字符的小间隔分开，不用千位撇。

表注。表注是对表中有关内容作补充说明或注释的文字，一般排在底线下面，多条注释采用阿拉伯数字顺序编码。必要时应将表格中的符号、标记、代码以及需要说明事项，用最简练的文字作为表注。

资料来源：吴静．在学术论文中规范、有效、恰当使用图和表［J］．天津科技，2018，45（2）：92-96.

二、图

论文中的图通常可以直观、形象地展示数据，图可以辅助读者快速从中发现数据之间的联系或对比差异，论文制图要做到科学、精准、简洁、自明、规范、美观。论文中常见的图包括直方图、折线图、散点图、饼图等。直方图（Histogram）又名质量分布图（见图6-1），通常由一系列不等高的纵向条段表示数据分布的情况。一般用横轴表示数据类型，纵轴表示分布情况。直方图适合呈现两组或者多种数据的对比。例如，图6-1呈现了风能和太阳能在某地区不同季节发电量的对比情况：1~3月风能大于太阳能；4~6月和7~9月太阳能大于风能；10~12月二者相当。散点图（Scatter Diagram）又称散点分布图（见图6-2），利用数据散点的分布形态反映特征间的统计关系，通常可用于数据和建模拟合等操作，常用于分析与特性有关的数据相关关系。例如，图6-2展示的是太阳能电池的电流-电压特性曲线。折线图（Line Chart）（见图6-3）是一种将数据点按x轴坐标顺序连接起来的图形。折线图的主要功能是查看因变量 y 随着自变量 x 改变的趋势，同时还可以对比不同曲线代表数据间的差异。图 6-3 展示了某地区太阳能发电量随时间的推移逐渐增长的趋势。饼图（Pie Graph）（见图 6-4）可以显示各项数据的量与总和的比例。饼图可以清楚地反映出部分与部分、部分与整体间的比例关系。图 6-4 展示了不同能源在某地区能源占比的情况。

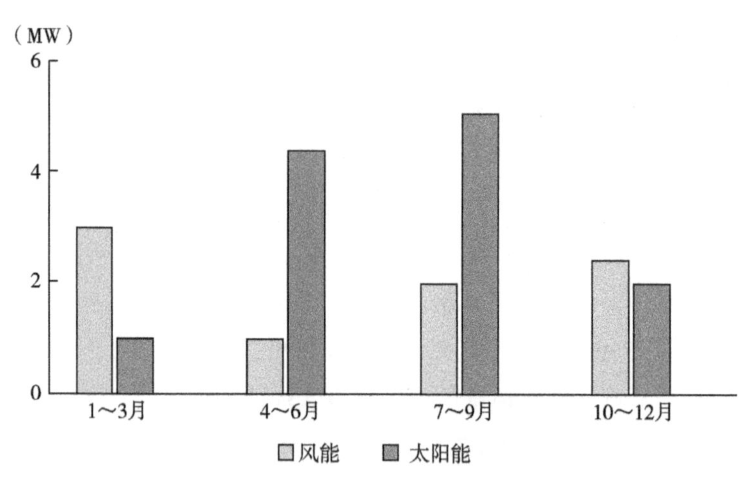

图 6-1　某地区风能和太阳能发电量随季节变化示意图

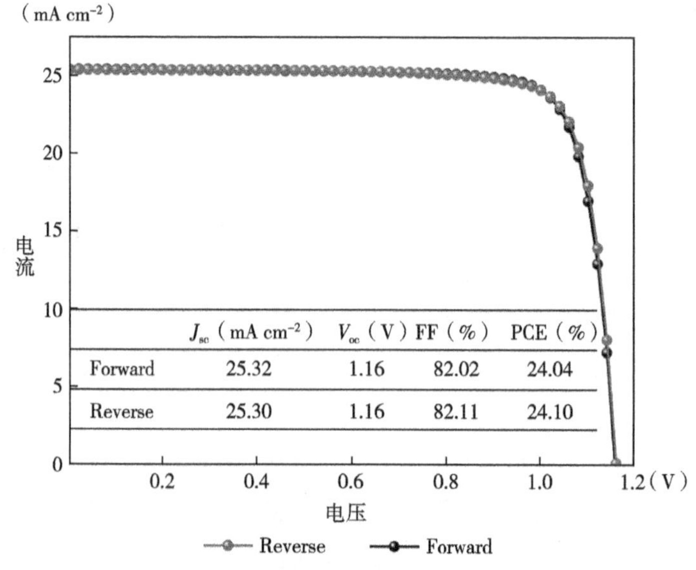

图 6-2　太阳能电池电流-电压特性曲线

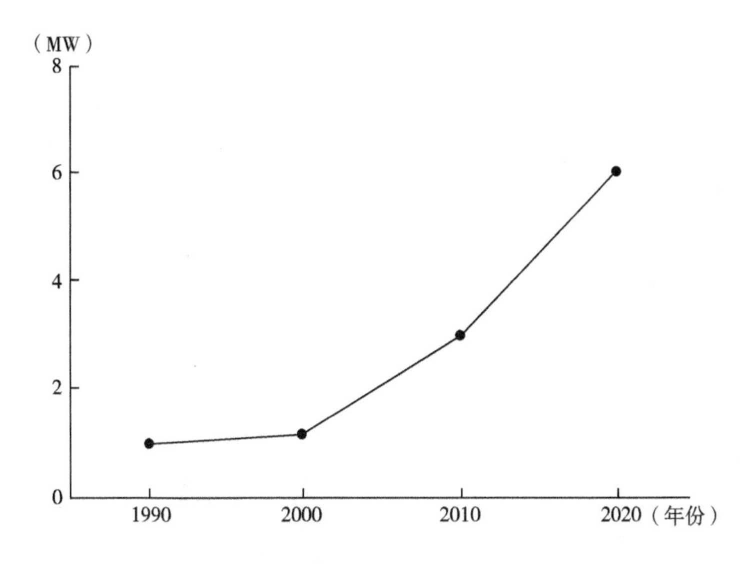

图 6-3 1990~2020 年某地区太阳能发电量变化情况

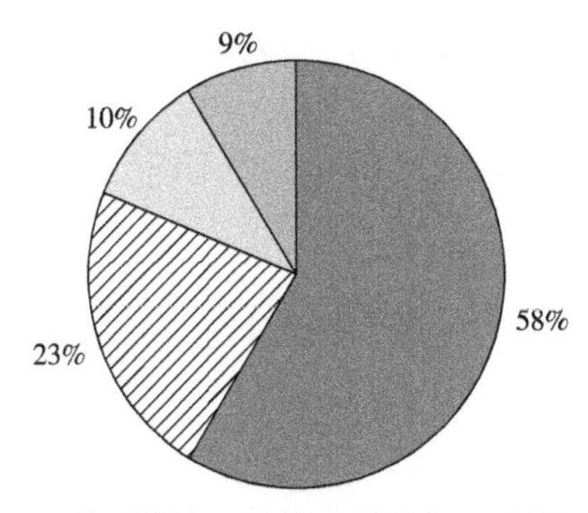

图 6-4 不同能源在某地区占比示意图

三、其他图

由于研究的需要，在论文写作中通常需要非数据类图的展示，常用的图的类型包括实物图、流程图、示意图等。实物图通常以照片的形式展示，需要完整地展示所要表示实物的形态、细节样貌等。例如，图 6-5 清晰地展示了柔性钙钛矿太阳能电池的结构及其实物图片，这些图片可以让读者更容易理解这种太阳能发电技术。流程图是以特定的图形符号加上文字说明，比纯文字更简洁、形象地表示逻辑，通常可用于对研究工作实验部分的流程表述，或研究逻辑的展示。在制作流程图的过程中，需注意各要素的准确性、线条排版整齐、逻辑指示最简化。示意图一般没有固定的形式，如时间轴图、三维概念图、拼接图片等，作者可以相对自由地展示内容。在学术论文中，示意图可以用于展示研究机理，借助计算机三维制作的示意图也可用于对实体进行视觉渲染，美观的示意图还可以为论文增添美学元素。

透明导电塑料
电子传输层
钙钛矿
空穴传输层
金属电极

图 6-5　柔性钙钛矿太阳能电池结构示意图和实物

第三节　图表的格式与规范

学术论文通常有特定的格式要求和规范，以便于读者阅览。

一、图表编号

按各幅图表在文中出现的顺序依次编号，如“图 1”“图 2”和“表 1”“表 2”等，并分别置于图下方和表格上方。通过图表编号可以帮助读者快速地从正文定位到具体的图片和表格。

二、图题和表题

图题（通常标于图下方）和表题（通常标于表上方）要清晰。图题和表题添加在图表编号的后面，通常与编号间隔一个空格。在图题和表题撰写之时，要注意以下三个原则：首先要确保“独立原则”，要确保读者通过阅览图题和表题即可明白图片和表格所表达的意义，而无须从正文中寻找；其次要简明扼要，不需要阐述大量的实验细节，切忌长篇大论；最后要注意图题和表题与正文的描述相匹配。

三、图表内容

通常期刊会给出作者特定的制图和制表要求。需要注意的是，图表主体信息的呈现需要做到完整、准确、清晰，要做到观众浏览图表后可以基本了解图表本身想表达的全部意图。例如，在常用的折线图、散点图、分布图中，作者需要完整呈现各坐标轴的信息、数据取样对象以及单位等关键信息。在表格中，作者需要对各行各列的数据进行准确的描述，并根据具体要求保留小数点。对于多个子图片组合成的图片，需要对每个子图片编号，常用“（a）”“（b）”等来表示，并且各子图边线应尽量相互对齐，保证美观。另外，图表中的颜色要有明显的区分度，针对折线图和散点图，通常更改数据点形状以方便黑白打印时区分。此外，图表的清晰度也是衡量图表质量的重要内容，模糊的图表不合适阅读，对此，图片通常以 . tif 格式保存，并保留最大的清晰度，而表格通常以原表形式展示。

在投稿或撰写毕业论文时，期刊或学校通常会给出图表制作的具体要求，作者应尤为关注，并根据具体情况制作。

下面以《清华大学学报（自然科学版）》征稿简则（2022 年版）为例说明图表的制作要求。

插图

插图应当清晰，有自明性。插图一般不超过 6 幅。幅面一般为 h×w = 50mm×70mm。

插图应随文给出，先见文字，后见插图，即放在引用该插图的文字自然段之后。

图注的字体：汉字用宋体；英文和数字用 Times New Roman。图注的字号统一用 8 磅（point，p）。图线应做到主、辅线分明：轮廓线、框线、曲线用粗线（0. 8p，或 0. 3mm）；尺寸线、指引线、坐标轴用细线（0. 4p，或 0. 15mm）。

函数图的标目中，应使用量的符号与该量单位的符号之比，例如“p/MPa”；标值应圆整：即宜为2、5的整倍数；标线（刻度）、标值的数目：3~7个；标线（刻度）朝向图内。

应当以比例尺来表示地图或显微图的尺度放大或缩小。

表格

表格在文中的位置：应随文给出，先见文字，后见表格。单栏内的表格，其宽度限25个汉字（或48个字符）。表示量值的表格宜用“三线表”。三线表的第一行作为表头。表头中，使用量符号与该量单位符号之比，如“θ/℃”。

第七章　学术论文的表达和风格

学术论文是表达思想的工具，同时又是语言材料的整合与应用，语言与表达密切相关。学术论文的思想需要用语言进行表达，而语言同样也受到思想的支配与制约。因此，在学术论文的写作之前，就要对事物有明确的认知，对概念有准确的理解，并且要掌握言语表达的规范。

学术论文的风格则是指从文本的内容与形式上体现出来的风气或风貌。风格既是学术论文自身所具有的一种重要特征，又是能够彰显作者精神风貌和时代风貌的载体，因此风格对于文章的思想内容传播具有重要作用。

第一节　表达与风格的重要性

一、有效的语言表达是学术论文写作的基础

在学术论文的写作过程中，语言表达是传递学术论文信息的重要方式，即使再独到的发明与创造、再丰富且典型的材料，如果不能用语言有效地表达出来，将信息传递给读者，也很难引起读者的兴趣和重视，而如果出现用词不当、表意模糊、句意不通、表达不清的现象，或者出现语言表达粗糙、缺乏连贯性及条理性等现象，则不仅不能有效地传达信息，甚至会给读者带来一定的阅读困难甚至误导读者。这样，语言就在一定程度上失去了其作为交流工具的作用。对于研究性文章，如果表达粗糙或者不当，不仅容易导致读者对文章的思想的理解大打折扣，还会进一步影响读者的阅读兴趣，甚至降低其对文章研究成果的评价。因此，掌握言语的运用规范以及学术论文写作的技巧，是提高

写作水平的基础。

二、独特的风格可以给人留下更深刻的印象

学术论文的风格与研究者的个人素养、专业内容、写作习惯等因素密切相关。学术论文的写作，需要作者投入很大的心血。优秀的学术论文是作者心血与真理相互交融的结果。因此，我们可以从学术论文的行文风格中，了解到作者的精神世界和呕心沥血的创作过程，恰当的写作风格不仅有利于读者理解文章的思想内容，还能给读者留下深刻的印象。

第二节　常见的风格

一、简洁风格

简洁是一种重要的写作风格，它的特点是用最精练的语言表达出事物最丰富、最主要的特征。莎士比亚曾经说过，“简洁的语言是智慧的灵魂，冗长的语言则是肤浅的藻饰”。语言的简洁说来容易，做起来难。简洁意味着简明扼要，不拖泥带水，随着生活节奏的不断加快，简洁已成为一种时代要求。

对于学术论文而言，简洁是它的基本特征。科学研究本身就是剔除外界复杂的干扰，揭示物质的本质、探索物质规律的过程。因此，无论是研究过程还是研究结果，无不体现着简洁的精神。对学术论文的要求自然是短小精悍。例如，社会科学类学术期刊的字数一般限制在 8000 字以内，科技论文则限制在 5000 字以内，并且要求内容翔实、语言简洁。

以科技论文为例，随着科学技术的发展，科技语言也在不断丰富着它的内涵，它反映着科学技术领域内专门的术语，通过精练的语言表达着精练而深刻的内涵，是其他通俗语言所不具有的表现形式。下面以《固体物理》中波粒二象性的相关论述为例，来看看这种语言风格：

波动和粒子的双重属性称为粒子的波粒二象性。应当指出，微观粒子的粒子属性不能等同于经典的钢球，例如，经典粒子的运动规律可用粒子的运动轨

迹加以描述，而微观粒子则不能；同样，微观粒子的波动性也并非指粒子的运动路径是波动的，而指的是粒子运动状态的不确定性与可叠加性。

可见其相关科技术语的概念保持稳定，概念范围以某项科学技术类别为主，并且句式严谨、简明，语言庄重，句型单一。

二、严谨风格

以学术论文的写作为例，其写作的基本特点就是严谨，要有科学的态度、严密的逻辑，以事实为根据，才能写出更有说服力的文章。首先，在学术论文写作之前，就要树立科学严谨的态度，以认识客观世界、发现客观的现象与规律为己任，以认真负责的态度选择相关的主题进行科学研究，以此为基础才能写出严谨的文章。其次，学术论文要以事实为依据，句句有支撑。学术论文中的每一句话、每一条结论，或者是众所周知的知识，或者是引用的文章，或者是自己通过研究得到的结论。另外，严谨风格也体现在作者能否以冷静客观的态度去看待前人的工作，做到不以自己的好恶而选择性地引用他人的文章，正确地评价与自己结论相悖的研究结论。

在语言表达方面，学术论文的严谨性体现在用词精准无误、行文逻辑缜密，做到认识深邃、思维严谨，这样才能保证语言表达的严谨。在用词方面，学术论文中的每一个词都要正确且合乎分寸。这就要考虑语法、修辞、逻辑等方面，依照具体要求和实际情况，精准辨析词义，推敲词语和炼词炼字等。例如，韩愈在月夜里听见贾岛吟诗，其中有“鸟宿池边树，僧推月下门”两句，建议他把“推”字改成“敲”字。这里“推”字略显僧人鲁莽，而“敲”字则表现出僧人的拘谨，更加符合当时的情景。

在行文逻辑方面，结构是学术论文的脉络框架，只有构建好科学的逻辑体系，再充实以相应的研究内容，才能形成一篇规范的学术论文。论文结构的严谨性是指论文各章节间存在明确的逻辑关系，论文结构安排合理，并且能够正确地运用论证方法进行论证说理。

本章仅以简单和严谨两种风格为例进行了介绍，在写作的过程中，大家可以在有效传递信息的基础上逐渐形成自己的风格。恰当的写作风格，能让文章思想内容的传达如虎添翼，给读者留下更深刻的印象。

第八章　文章修改

第一节　为什么要进行修改

一篇好的文章从初稿到定稿，要经过千锤百炼，涉及作者自己的修正、导师的指正、同行的评议和改进。文章的修改，主要涉及基本词汇语法、结构逻辑、语言表达风格、论证的严谨性等方面。

一、好文章都是改出来的

作者写完论文后，一般当局者迷，在成就感中，无法洞察自己文章的缺失。经过自己的检查，能排除一些低级错误，并使语句更加通顺，自己的意思表达得更加完整。经过导师、同学等的批改，往往能够将研究的问题考虑得更加周到，扩充文章的叙述思路，且使文章更加符合学术大众的品位。经过同行评审，能解答该项目没有深入研究或详细阐述的问题。

二、完善结构、逻辑、表达

好的学术论文要使读者易懂，首先必须有清晰的逻辑。有些作者缺乏足够的组织能力和严密的修改，写出的文章想到什么便说什么，最后形成了一团杂乱的信息。

学习和熟悉学术语言的表达风格，是写作与沟通课程的重要目标。有些作者初涉论文写作，其语言风格较为日常、口语化，需要老师、同学予以纠正。另外，学术语言还应力求清晰、简明，准确传达作者的意图。

三、弥合作者与读者理解偏差

智者千虑，必有一失。初稿当中往往有考虑不周之处。经过教师、同行等的评审，作者能更全面地了解学术前景和阐述问题，弥补视角不全面之处。

文章写作是分析、解决问题的过程。在文章修改过程中，读者（评议者）可以将期望得到解决而未解决的问题反馈给作者，使问题得到更好的解决。这样，作者的产出和读者的期望逐步吻合，高质量论文的产出会更有利于学术发展。

第二节　组织结构是否合理

一、结构和顺序优化

论文要有清晰的层次和明确的思路。这思路与层次通常用小标题实现。作者精密构思，将思路用小标题或树状图（思维导图）列出，有助于检查文章，也有助于读者阅读时厘清思路，避免东一耙子西一扫帚的不舒适体验。总体上说，文章要符合“提出问题，分析问题，解决问题”的逻辑联系。若作者无法构思出一个清晰的层次，则可求助于导师、队友等。

各部分主次也要清晰。分论点、小问题之间，明确轻重缓急，平衡分配笔墨。修改时，果断删除离题偏远的语段，而在重要问题上多下笔。各个分论点之间，最好不要有重合的地方。例如，在学术论文中，“从化学角度改善电池性能”和“提高电池的稳定性”这两个分点不适合并列，因为稳定性也含有大量化学机制。

二、起承转合优化

文章的组织要完整严密，论述要有始有终，不能缺乏对关键问题的深入讨论。各部分顺序要恰当，从一个问题过渡到另一个问题，其间应是自然顺畅的，必要时应加上合适的过渡性的连接语段、关联词等。

第三节　论证是否有效

一、论题检查

好的学术论文首先要有突出的中心思想，即总论题。好的学术论文，全文都要严密服务于中心思想，明确表达同一个主题。这个主题的概念要明确，即分析解决问题之前，先要明确文章主题所指的范围。例如，将“提高大学生综合素质”与“提高大学生知识水平”混淆，将“改善太阳能电池性能”与“提高太阳能电池的能量转换效率”混淆等失误，都应当避免。[7]

论据要严密地服务于相应的论点。修改时，果断剔除或换掉不合适的论据，补上缺乏的论据。不要懒于笔墨，或执意填充字数。[6,7]

论述不能跑题，例如在阐述现有电池效率偏低的章节中，不能大段讨论稳定性或物理机制等。除跑题以外，还要避免“任意改变论题范围”，即立意范围很大，而论述的范围很小，只解决了一个小问题；或者立意只说了小问题，而论述很宽泛。

二、论据检查

论据一般要引用大量文献。引用论文时，不仅容易出现文献序号错误，还经常见到“偏离原文献意图”的问题。该问题的出现或是出于作者疏忽，或是作者有意为之，这种引用皆不如不引。检查引证，要检查文献标注是否正确，如序号等；还要保证准确传递所引文献的意思，不能为了自圆其说而扭曲文献的原意。

论证要严密，还蕴含着论证要环环相扣。要避免：①无根据地主观臆断，轻率概括；②论据推不出结论，偷换概念，转移关键问题和读者的注意力。

为了使文章逻辑更加清晰，作者应当学会使用科学的逻辑思维方法。①归纳演绎。从多个事例、数据推至一般的结论，用多个论据证明一个论题。②分析综合。为了表述一个问题、一个论点，作者应将其分解为多个属性、方面，

分段分析，然后再综合起来研究，这也可以称为从抽象到具体，再从具体上升到抽象。

三、说服力检查

为了增强说服力，学术论文可以使用多种数据展示形式。在申请图片版权后，可以适当地使用原始文献的图片等，以增强学术论文说服力。学术论文还可详细地用图片、数字、表格等多种数据形式，使读者更加信服本文的结论。

学术论文还可以使用多重论据，如多种理论模型、前人的研究成果，或者增加实验表征分析手段。

写完论文后，当实验数据或文献证据得到逐渐积累后，作者会有更宽广的视野，进而可以补充新的论据。

第四节　语言表达修改

一、句子修改

如前所述，厘清全文的逻辑后，作者应认真审查每个句子。颠倒、凌乱的语句，要在逻辑上打磨、理顺。句子之间应使用正确的连接词，使句子形成顺畅过渡。语句风格应统一为学术语言，避免唠家常。所用的关键词汇、研究术语也要严谨，关键概念要用专一的词汇指代[8]，且关键的术语要严格定义其概念。例如，“糖类”和“碳水化合物”“才华”和“才干”很接近，但在严谨的学术论文中不要混用。[9-11]

二、文字修改

审阅文章时要留意表达是否精练、是否有重复性的词语或语句，如果有的话，要果断删除和修改。此外，还要检查文章中是否使用了口语，如果有的话，应尽量用合适的书面语替代。文章的初稿有时会出现一些拼写错误，这些错误应该在文章修改时进行订正。文章修改时还需要留意数学公式中的符号和字体的使用是否符合标准，图表、引用的序号是否正确，如果不符合规范应及时进行修改和完善。

第五节　摘要和结论修改

一、摘要修改

摘要应简明扼要地介绍研究背景、文章要解决的主要问题，使用的研究方法，得出的主要结论，文章的创新点、主要优势、对学术界的贡献等。

二、结论修改

文章结论可以简要总结文章开创的研究方法、取得的主要研究成果及其优势，指出一些不足，并对将来可做的改进作出展望。

参考文献

[1] https：//wenku. baidu. com/view/27cbfaa7cf22bcd126fff705cc17552707225e18. html? _ wkts_ =1668877883804&bdQuery=%E8%AE%BA%E6%96%87%E5%86%99%E4%BD%9C+%E4%BF%AE%E6%94%B9.

[2] http：//www. paperkeey. com/skills/2336. html.

[3] https：//wenku. baidu. com/view/998fe95d312b3169a451a459? fr=TopList_ highScoreList-pcview_ toplistrec_ highscore_ wk_ recommend_ main3-27cbfaa7cf22bcd126fff705cc17552707225e18&_ wkts_ =1668878085262&bd Query=%E8%AE%BA%E6%96%87%E5%86%99%E4%BD%9C+%E4%BF%AE%E6%94%B9.

[4] https：//wenku. baidu. com/view/27c066f901d8ce2f0066f5335a8102d277a

26115. html? _ wkts_ = 1668877880217&bdQuery =% E8% AE% BA% E6% 96% 87%E5%86%99%E4%BD%9C+%E4%BF%AE%E6%94%B9.

［5］ https：//wenku. baidu. com/view/b52443cd580102020740be1e650e52ea 5418ce87. html? _ wkts_ =1669033646903.

［6］陈欢．议论文写作中常见的逻辑错误及其修改策略［J］．教学月刊·中学版（语文教学），2018（10）：16-20.

［7］王海兰．学术论文写作中常见逻辑错误分析［J］．应用写作，2011（10）：33-35.

［8］王少林．浅谈学术论文的写作［J］．吉林工程技术师范学院学报，2005（9）：62-63.

［9］薛永强，吴艳宏．浅谈学术论文写作［J］．黑龙江档案，2007（6）：46-47.

［10］吕允英．编辑指导学术论文修改的思路及方法探析［J］．科技与出版，2017（3）：36-38.

［11］关耳．撰写学术论文基本知识讲座：第八讲　关于学术论文的修改［J］．职业技术，2006（18）：95.

第九章　非文字表达与沟通

第一节　非文字表达与沟通的重要性

语言文字是一种简洁、便利并且可以长期保存的表达形式。然而，文字表达需要人在大脑中将文字与具体事物进行联想，不像图片那样直接；文字无法精准地描述万事万物，常常出现一词多义的情况；当事人不同的知识结构、个人经验与利益诉求，又往往加大了语言出现分歧的可能性。因此，文字表达存在一定的局限性，但是这可以通过其他方式进行弥补。事实上，人与人之间的交流大多是通过非文字的方式来进行的，如说话、演讲、辩论、音乐、绘画、戏曲、舞蹈、影视等。

第二节　演讲

演讲是指在公众场合，以有声语言为主要手段，以体态语言为辅助手段，针对某个具体问题，鲜明、完整地发表自己的见解和主张，阐明事理或抒发情感，进行宣传鼓动的一种语言交际活动。

一、演讲稿

演讲稿是在演讲前写成的用作口头演讲的文稿，它与一般文稿的不同之处在于：不是书面发表后给读者阅读，而是口头表达后让听众接受，因此，演讲稿的内容、语言必须体现演讲的特点和要求：

（一）主题明确突出

演讲是面对面的交流，听众缺少进一步思考的时间，所以演讲稿一般不追求含蓄深奥，而是要求直抒胸臆，赞成什么或反对什么，要让听众一目了然。演讲主题不仅要做到明确，更要做到突出。

（二）针对性强

演讲稿首先要针对你演讲的目的和要求，其次要针对不同年龄、不同文化程度、不同职业、不同场合的对象，做到有的放矢，这样才能适合不同听众的口味，达到荡人心魄、鼓舞人心的效果。

（三）材料真实可信

演讲稿的材料包括事实、故事、名言警句、数字统计等，无论是哪一种材料，都必须真实。

（四）思路清晰明了

演讲稿的结构，一般有开头、中间、结尾三部分。开头是给听众的第一印象，要先声夺人，制造一种气氛，开始就控制住听众的情绪。中间部分要体现出生动活泼、新鲜有力的文风，否则易使听众觉得演讲内容枯燥乏味，从而产生厌烦情绪。结尾要给听众留下鲜明难忘的印象，切勿仓促收场。

（五）语言生动形象

针对演讲面对面与听众交谈的特点，演讲稿的语言要多用短句，要口语化、通俗化，让听众能听明白、听清楚、受感动；也要积极运用比喻、排比、设问、反问、反复等修辞手法；还要讲究抑扬顿挫的节奏感和朗朗上口的韵律美。

二、演讲练习

（一）语音

以声音为主要手段的演讲，对语音的要求就更高，既要能准确地表达出丰富多彩的思想感情，又要悦耳爽心、清亮优美。为此，演讲者必须认真对语音进行研究，努力使自己的声音达到最佳状态，做到吐字正确清楚，语气得当，节奏自然；声音洪亮清晰，铿锵有力，悦耳动听；区分轻重缓急，随感情变化而变化；声音有一定的响度和力度，使在场听众都能听真切、听明白。

（二）语调

在演讲中表达感情的主要手段就是驾驭自己的语调，使之富于变化，这主要反映在重音、升降、停顿三个方面：

1. 重音

根据表情达意的需要，有意把某个词语加大音量，讲得重些。

2. 升降

讲话时所要表示的喜怒哀乐都可以通过声音的升降抑扬体现出来。

3. 停顿

句子当中、句子之间、句群之间、段落之间的间歇、停顿，一般可以分为语法停顿和心理停顿。语法停顿与语法结构相联系，凡是有标点符号的地方，都应有适当的停顿；心理停顿是由心理情绪决定的，在表达激动的情绪时，可以延长或缩短语法停顿的时间。

（三）语速

语速是演讲成败的重要因素，演讲要快慢适中，灵活控制，有快有慢。

1. 从内容上说

抒情的地方、人物对话、情绪低沉的叙述，应该讲得慢一些；反之，急切的呼语、热烈的争辩、愤怒的指责、慷慨的陈述、紧张的场面应该讲得快一些。

2. 从听众对象上说

年轻听众精力充沛、反应灵敏，可以快一点；对小朋友、老人家演讲，因为他们接受迟缓、反应不快，可把音节的时值拉长，语流中间停顿可久点，停顿的次数可多些。

3. 从环境上说

演讲场合大的，速度要慢点；场合小的要快点；听众情绪受到干扰时慢点，情绪高昂时快点。

（四）形体

形体对一个演讲者整体形象的塑造有很重要的作用，只有让人看上去舒适、坦荡、自然、潇洒、英姿飒爽，才能为演讲起到正面效果。另外，演讲中

还需要灵活调整步姿、站姿和坐姿。

第三节　辩论

辩论是指双方用一定的理由来说明自己对事物或问题的见解，揭露对方的矛盾，以便最后得到正确的认识或共同的意见。辩论促进的不只是个人收集信息、组织语言、即时反应和逻辑思考的能力，对于社会而言，鼓励辩论也意味着鼓励求知和探索，鼓励对真理的追求。

（一）辩论的必要性

真理是人们对客观事物及其规律的正确认识，人类的历史是追求真理、探索真理、传播真理，进而摆脱蒙昧、无知、愚笨的历史。然而，认识真理的过程并非一帆风顺，它是一个去伪存真、去粗取精的过程。在这个过程中，辩论是必不可少的一个环节，人们为了寻求真理，要同无知辩、同偏见辩，向未知挑战，与荒谬斗争，同强权抗衡。俗话说：鼓不敲不响，理不辩不明。因此，辩论对于促进真知、真理的出现具有重要意义。

（二）辩题分析

辩题分析的目的是要弄清辩题的含义和要求，认识辩题对双方的利弊，把握双方争辩的焦点，以便确立对自己有用的论点和对策。所以，辩论前双方应对辩题进行全面、深入、透彻的审视、分析和研究，可以从以下几个方面入手：

1. 定准辩论的基调

任何一个辩题都包含一个特定的争论范围。那么，审题就首先要从宏观上分析、了解辩题所涵盖的领域及与之相关的诸多因素，认识辩题类型，明确辩题的利弊难易之处，把握双方可能交火的主战场等问题，做到知己知彼。在这一阶段，首先要分析辩题的感情色彩与语言环境、人情世故及辩论现场情绪是否相容；其次要从不同侧面和角度分析辩题性质，弄清其特点、要求，这通常要从辩题的性质和辩题的内部逻辑关系去分析；最后要辨析辩题的倾向，也就是分析辩题所包含的意义与全社会的主流看法、时代思想倾向是否和谐合拍。

2. 探求辩论焦点

对辩题本身进行剖析研究，探求双方的分歧焦点，捕捉辩论的要害之点，触及辩论的实质性问题，才能把握辩题内涵，从而能探求辩论的焦点。一般情况下，分解辩题、探求焦点可分三步进行：首先明确辩题概念，把辩题分解成最小的意义单位，对每一个小单位进行分析研究，确定其含义和作用；其次分析辩题范围，搞清辩题所包含的意义，或搞清楚辩题所涉及的实际内容；最后逐步聚焦，找出辩题中最关键的词和词组，并以此来确定辩题核心、明确辩论的焦点。

3. 选准角度

在分析辩题的过程中，随着认识的进一步拓展和深化，会发现一系列可比较的因素：辩题对双方的利与弊；双方可能立论的角度、攻击的火力点、防守的底线；主要理论和材料的利与弊；与辩题相关的辩场观众情绪、思想倾向的利与弊等。应将以上诸因素综合起来进行通盘考虑，通过权衡利弊，从中选出最佳的立论角度。

（三）辩论规则与方法

辩论规则主要有以下几点：

1. 时间提示

当辩手发言时间剩余 30 秒时，计时员以一次短促的声音提示，用时满时，以两次声音终止发言，否则作违规处理。

2. 攻辩规则

（1）每个队员提问应明了、回答应简洁，每次提问只限一个问题。

（2）攻辩由正方二辩开始，正反方交替进行。

（3）正反方二辩、三辩参加攻辩。正反方一辩作攻辩小结。正反方二辩、三辩各有且必须有一次作为攻方；辩方由攻方任意指定，不受次数限制。攻辩双方必须单独完成本轮攻说，不得中途更替。

（4）辩方必须正面回答问题，不得反问，攻方也不得回答问题。

3. 自由辩论规则

双方进行自由辩论，由正方先开始，然后反方发言，此后正反方自动轮流发言。每位辩手在此期间至少发言一次，发言次数、时间及每方四位辩手的发言次序均无限制，但某一方辩手发言落座后，对方发言之前这一方任何一位辩手不得再次发言。

辩手可以带小卡片，出示或引述书本、报纸的摘要以加强论据。

常用的辩论方法有以下几种：

（1）查找资料。要紧扣主题，多找一些能论证自己观点的名人名言和公理、定理，多找事实论据。

（2）分析对手。了解对手应该分析对手的优点与缺点，分析对手的立场，分析对手的出手点。事先猜测对手会提出什么问题、什么观点来进攻我们，我们又该怎样进行防守甚至反击。可以假设自己站在对手的立场上，思考应怎样攻击对方。

（3）准备问题。在辩论赛中，提出问题是向对手发起进攻最有用的手段之一，同时提问题也是把比赛主动权掌握在自己手中的有力武器。

（四）辩论礼仪

（1）在攻辩环节，不要直视对方的眼睛，更不要目光四处游离、飘忽不定，应注视对方同学的眼睛稍上方的位置；在对方辩友质询过程中不要打断、不要反问，更不要人身攻击、粗言恶语。

（2）在自由辩论环节，要等到对方发言完毕后再站起发言，不要心急打断对方的发言，同时应认真倾听对方的发言。

（3）对于对方所提出的论据，尽量不要怀疑、质问，以示对对手的尊重，除非有明显违背常识或事实的论据。

第四节　形体语言

（一）衣着

服装仪表必须有整体美感，要注重衣着与身材互相协调，与体形、肤色相适应。服装对人体有扬美与遮丑的功能，它可以反映人的精神风貌、文化素质和审美观念。衣着应该典雅美观、整洁合身、庄重大方、色彩和谐、轻便协调，做到外表整齐、干净、美观，风格高雅、稳健，感觉良好、行动方便，与性别、年龄、职业等协调，充分体现出自身的特点与神韵。

（二）仪态

仪态对整体形象的塑造有很重要的作用，合适的坐姿和站姿能够为表达与沟通起到一个正面的作用。坐姿应保持端正，脚必须端正放在前方，欠身而坐，稍微前倾，双脚不可踩在凳子或者桌子的支撑物上，切忌弯腰驼背、跷二郎腿。站姿应保持挺直，在发言、提问或者回答问题时身体必须直立，始终保持微笑。

（三）手势

合理的手势能够使演讲更吸引人，丰富舞台的表现力。比如，演讲是一门综合技艺，它展示的是一个人的整体形象。除标准的、优雅的站姿外，在演讲中搭配手势，从而塑造更加生动的舞台形象。在演讲过程中，配合一定的、有力量的、精准的动作和手势，可以提升语言的准确度，为语言增加力量，也为自己增加底气。演讲是一种舞台表演，它既要求演讲者去讲，还需要演讲者不停地渲染气氛，但是，渲染气氛仅靠调节声调高低是不够的，还要让大家看到你的手势、你的肢体动作，只有这样，才会给人带来听觉和视觉的冲击。此外，手势可以帮助演讲者补充话语。手势运用要适度，不要过于频繁，动作要放松、自然、果断、干净，符合语言的节奏。

第十章　代表性写作案例

本章展示了三篇教学过程的真实写作案例。首先，展示每篇文章的初稿以及教师对初稿的修改意见和建议。其次，展示学生对文章修改过程的反馈和对文章形成过程的陈述信。最后，展示学生修改完成的论文终稿。

代表性案例 1

未来建筑趋势：光伏建筑一体化*

摘要： 中国作为能耗大国，建筑能耗在总能耗中占比达到40%。在政府提出“双碳”目标的背景下，建筑的节能减排变得尤为重要，因此光伏建筑一体化技术（Building Integrated Photovoltaic，BIPV）成为热点。本文通过将BIPV与传统建筑和其他建筑形式进行比较，向读者介绍BIPV技术各方面的优势。本文分析了BIPV技术目前存在的问题，并创新性地提出了相应的建议。最后，笔者对全文内容进行了总结，并借助光伏行业的发展趋势展望了BIPV技术的未来。本文的结论是：BIPV技术会成为未来建筑的主流趋势。

关键词： 光伏建筑一体化；BIPV；建筑能耗；优势分析；群众认知；发展趋势

【语言表达】建议加上必要的衔接性词语使摘要的逻辑更清晰。

【分类】其他建筑？

【语言表达】摘要应简明扼要阐述文章最核心的内容。是否需要在摘要中强调这一点？

1. 概念介绍及发展现状

首先要明确一点，BIPV不同于光伏建筑附着系统（Building Attached Photo-

* 含教师修改过程的学生初稿。

【语言表达】可以考虑将显示差异的词语加粗，让读者一眼就能看出来，例如“附着”“集成”。“称为”是否妥当？应该是“分为”或者“根据其功能情况可分为”。

voltaic，BAPV）。BAPV 是指附着在建筑物上的太阳能光伏发电系统，也称“安装型”太阳能建筑[1]；而 BIPV 是将光伏产品集成到建筑上，在建筑设计和建造之初就与建筑相互结合，也称为“构件型”和“建材型”BIPV 技术。两者的区别就在于 BIPV 已经成为建筑的一部分，光伏组件也能够起到遮风挡雨、支撑等作用，而 BAPV 只是附加在原建筑上的额外的组件，去掉之后建筑本身的结构和功能不会被破坏。故本文中的讨论需将 BAPV 与 BIPV 区分开来。

图 1.1 BAPV 建筑—屋顶光伏

图 1.2 BIPV 建筑—光伏幕墙

【格式规范】建议合为一个图，如图 1a、图 1b 的形式表达。

【语言表达】非必要词语，可考虑删除。

上文说到，BIPV 技术包括“建材型”和“构件型”两种。“建材型”是指将太阳能电池与瓦、玻璃等材料复合在一起作为建筑材料[2]。目前，光伏瓦、玻璃光伏幕墙、光伏采光顶都属于“建材型”。“构件型”是指与建筑构件组合在一起或独立成为建筑构件的光伏构件[2]，如光伏遮阳构件、光伏雨棚构建等。

【语言表达】笔误？

【语言表达】兼顾了 or 可兼顾？

光伏建筑一体化技术在保证环保和经济效益的情况下，还兼顾了美学要求。将彩色光伏模块、不同透光率光伏模块运用到建筑的不同位置，能够产生 BIPV 建筑特有的美感。目前，我国首个彩色透光薄膜组件应用示范项目——天威薄膜光伏建筑一体化项目顺利通过了国家级验收。除此之外，光伏建筑一

体化技术已在诸多示范工程得到运用，如北京首都博物馆、上海世博会主题馆等。

2. 传统建筑带来的问题

【语言表达】带来 or 存在？

我国作为一个发展中国家，总能耗在逐年增加。根据《中国建筑能耗研究报

【段落结构】建议主题句放前面。

图 1.3 光伏建筑美学设计

【格式规范】图单独占一栏，不要跟文字混排。

告（2020）》，在 2018 年我国建筑在运行阶段能耗占总能耗的比重为 21.70%，碳排放占 21.90%。若将建材生产阶段和建筑施工阶段也考虑进来，能耗占比高达 46.50%，碳排放占比高达 51.20%[3]。建筑能耗中占比最大的是采暖和制冷（高达 70%左右），在这一方面我国建筑单位面积采暖能耗仍高于大多数气候条件相近的欧洲发达国家。空调在消耗大量能量的同时，也会带来环境污染。在能源纷争不断的国际背景下，我国近年又提出了“碳达峰”和“碳中和”两大目标，为了贯彻可持续发展理念，建筑领域的节能减排工作就显得尤为重要了。

【逻辑论述】这句话与本段前面几句无直接联系。

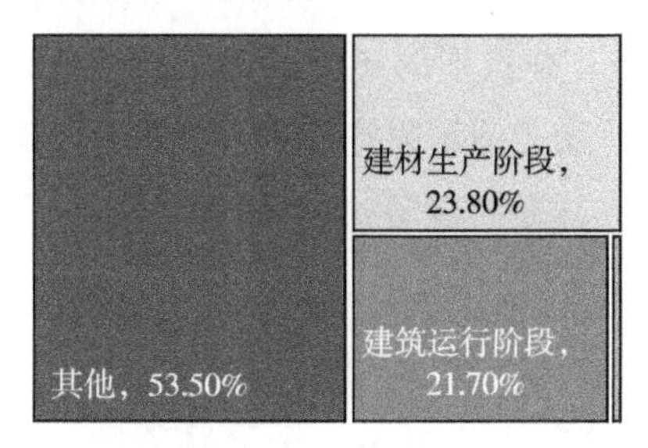

图 2.1 2018 年我国建筑能耗占比

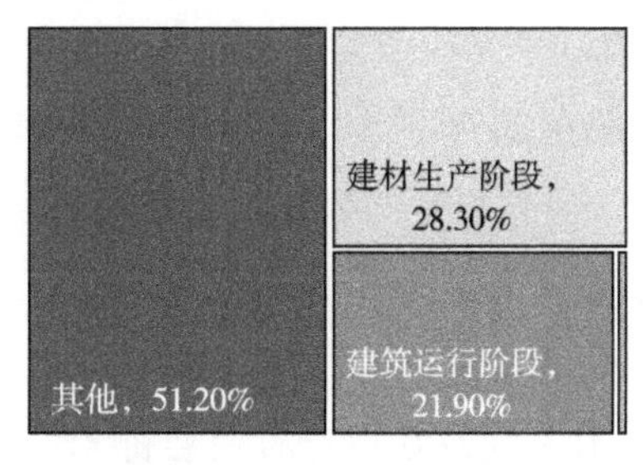

图 2.2 2018 年我国建筑碳排放占比

【文章结构】一篇文章中的图可以按自然顺序编号，不建议分 1.1，2.1，2.2，下同。

光伏建筑一体化正可以有效地减少建筑的能耗以及碳排放。不妨进行一个计算，假设某建筑运用 BIPV 技术安装了 250 千瓦的光伏发电系统（日本 Kyocera 总公司利用建筑南面和屋顶，光伏发电功率达到 220 千瓦），按峰值日照时常取全国平均值 4 小时，发电系统效率取 85%进行计算，该建筑一年的发电量就可以达到 250×4×365×0.85 = 310250（千瓦·时），也就是 30 多万千瓦。按照当前 1 千瓦·时 1.2 元的商业电价、1 千瓦·时减排 0.9590kg 二氧化碳的标准[4]，该建筑利用光伏发电每年就可以省下 37 万元电费、减少二氧化碳排放量 298 吨。

【数据缺失】多大规模的建筑？

【语言表达】笔误？

【格式规范】千瓦是功率，千瓦·时是能量；格式统一。

3. BIPV 相较于 BAPV 的优势

BAPV 与 BIPV 的区别已在前文进行了介绍。对于已建成建筑而言已无法利用 BIPV 技术，但可以将光伏发电系统额外附加于建筑外，故目前 BAPV 技术的使用更加广泛。但实际上，将 BIPV 与 BAPV 进行对比，会发现 BIPV 技术有更多的优势。本部分将在前文明晰 BAPV 与 BIPV 区别的基础上，进一步分析 BIPV 相对 BAPV 具有的优势。

【文章结构】可考虑加上具体从哪些方面进行比较。

3.1 建造成本

对于光伏发电单元组件的部分，BIPV 与 BAPV 成本并无太大区别。但除此之外，BIPV 光伏组件直接作为建筑的结构部分，相比 BAPV 减少了建筑结构耗费的材料，并且省去了 BAPV 光伏系统所需的支撑结构。因此，BIPV 具有更低的建造成本。

3.2 使用寿命

BAPV 光伏组件完全暴露在室外环境中，在长期的风沙、雨水侵蚀下，寿命一般在 20 年左右。而 BIPV 光伏组件只有受光面暴露在外，其余部分与建筑结合，通过良好的封装处于密闭环境之中，其寿命能够达到 30 年。所以，BIPV 光伏系统具有更长的使用寿命。

3.3 美观性

BIPV 建筑在设计时便会将光伏组件的美学融入进来，本身就堪称一件艺术品。彩色光伏模块、不同透光率光伏模块的运用为 BIPV 建筑的设计带来了无限的可能。反观 BAPV 技术，其光伏组件通常强加于原有建筑，在视觉效果上颇显多余，反而会增添拥挤与杂乱之感。可见 BIPV 建筑的美观性也更胜

一筹。

3.4　安全性

BAPV“安装式”光伏会对原有建筑造成额外的承重负担，并且额外的结构会使受力情况更加复杂，在长期的风吹雨淋下，可能会影响建筑的结构安全。BIPV 光伏组件与建筑互为一体，其安全性在设计之初便有国家建筑规范和幕墙规范的保证。此外，BIPV 组件中的 PVB 胶片对于石英玻璃有很好的粘结性，能够避免碎片飞溅伤人，此外 PVB 胶片还能吸收冲击能量，起到防震的作用[5]。

可见光伏建筑一体化技术（BIPV）相对 BAPV 具有多方面的优势。即使目前 BAPV 技术的使用更加广泛，但在未来建筑的更新换代之中，BIPV 技术将会逐渐取代 BAPV。

4. BIPV 的其他优点

【逻辑顺序】这些优点应该是光伏在建筑应用的普遍优点。可以考虑对小标题进行适当修改，结合文章第 3 点综合考虑，对应进行顺序调整。例如先说普遍，再对二者进行具体对比。

4.1　吸收太阳辐射，改善室内外温度

利用 BPIV 组件作为建筑的外侧，能够直接吸收太阳能，并将其转化为电能，减少建筑外侧产生的热能，有效降低建筑内部的温度。与此同时，相较于普通玻璃，BIPV 也减弱了太阳辐射通过建筑墙体的反射量，能够降低室外综合温度。

4.2　缓解夏季用电高峰需求

夏季阳光照射强度较高，气温炎热，制冷设备的大量使用使得夏季成为用电高峰。BIPV 发电系统在夏季发电功率及时长达到最大，在很大程度上降低了建筑对于电网供电的需求。BIPV 光伏系统在满足建筑自身需求的情况下甚至可以向电网供电，极大缓解了夏季用电高峰时电网的供电压力。

4.3　减少电力传输损耗

相较集中式光伏发电站，光伏建筑一体化技术具有就地发电就地使用的特点，因此能够减少电力传输的投资以及运输过程中电力的损耗。

4.4　与其他节能技术的兼容性

BIPV 技术的使用并不会给其他节能技术带来干扰，BIPV 能够与多种技术结合起来，各自发挥自己的优势。以国内首个近零能耗建筑——天友一零舍为例，一方面采取被动房标准的围护结构保温性能来保证建筑的节能效果；另一方面用太阳能光伏瓦做双坡形屋面、用彩色光伏薄膜做阳光房屋顶，以并网的方式为建筑提供电能[6]。BIPV 技术的兼容性便在此得到了体现。

图 4.1 零舍—光伏瓦和彩色光伏薄膜

5. BIPV 技术目前存在的问题

光伏建筑一体化技术虽然已经在诸多示范工程上得以运用，但仍然未能得到普及。BIPV 毕竟目前还是一个不完全成熟的技术，还存在一些亟待解决的问题。

5.1 造价高于普通建筑，成本回收期较长

与普通建筑相比，BIPV 建筑在建筑初期就需要进行更复杂的设计。光伏组件如何放置才能保证发电效率、结构安全以及建筑整体的美感，这些问题都使得建造之初设计的成本就高于普通建筑。从目前来看，光伏系统本身的成本也是一个不小的数目。以光伏电站为例，如果将大部分电量上网、小部分自用，回收成本通常需要 6~7 年。占据建筑数量绝大部分的是住宅建筑，对于房地产行业来说，BIPV 技术带来的效益甚微，较高的初期成本无疑增加了投资的风险。在房价高涨、物欲横流的今天，真的少有人会为清洁能源买单。

5.2 部分技术有待突破

第一点，寿命有待提高。目前，BIPV 光伏组件的预期寿命能够达到 50 年，但在 30 年左右，光伏组件便开始表现出明显的老化。对于建筑而言，预

期寿命通常在50年以上，光伏组件寿命与建筑寿命不匹配的问题便凸显了出来。第二点，转换效率有待提升。光伏组件排布受到建筑外形的限制[7]，遮荫问题可能使不同部位的组件直流电压等级出现差异，在有差异的情况下接入逆变器会影响光伏发电系统的效率。除此之外，连续阴雨天等情况也会影响系统效率。

5.3　群众认知不足

为了解群众对光伏建筑一体化的了解程度以及购买意愿，笔者通过问卷星平台在全国范围发放了调查问卷，共收回62份。问卷共有4个问题：①您对光伏建筑一体化（BIPV）了解程度如何？②您是否愿意选择BIPV住宅，或在自家安装光伏发电设备？（“不愿意”和“可以考虑”转③，“愿意”转④）③您顾虑的因素是什么（可多选）？④您选择的原因是什么（可多选）？调查结果如下：

从图5.1来看，对于BIPV了解程度较低的公众已经超过了2/3（68%），了解程度高的人仅为极少数。整体而言，群众对于光伏建筑一体化技术的了解还十分的局限，对于未来的推广和普及十分不利。

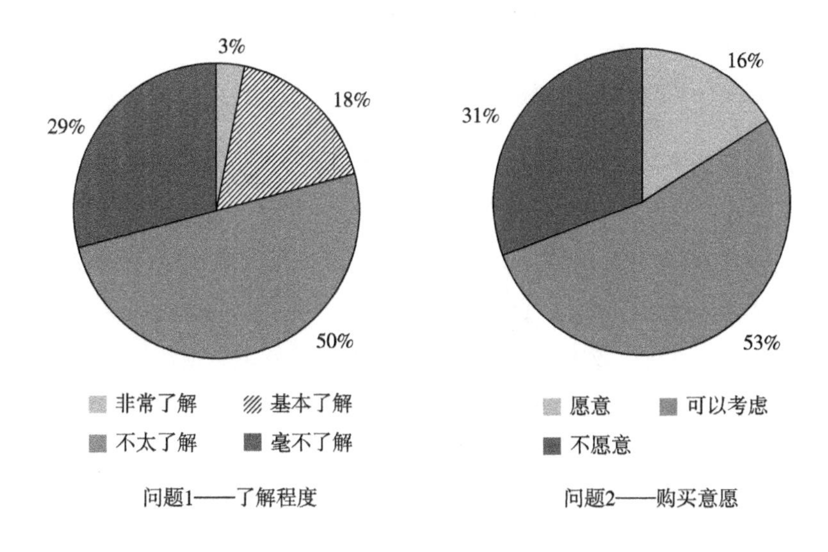

图5.1　问卷调查结果

从结果来看，大部分公众对于光伏发电还持有顾虑，主要体现在经济效益以及了解不足两个方面。此外，在房价高昂的今天，仍有小部分群众愿意为保护环境而使用 BIPV 技术，值得称赞。如图 5.2 所示。

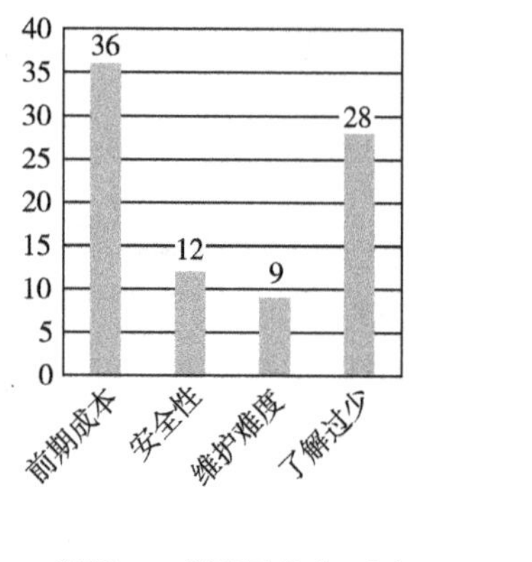

问题3——顾虑因素（52人）

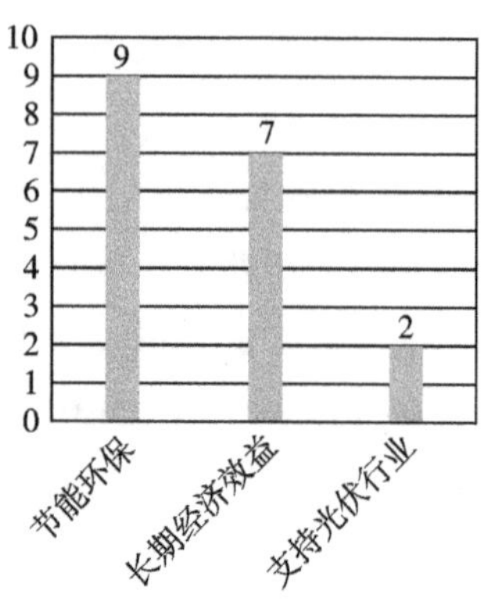

问题4——愿意原因（10人）

图 5.2　问卷调查结果

总体而言，目前公众对于 BIPV 技术的认知十分有限，并且仍存在着诸多顾虑。在未来的推广普及之路上还需付出更多的努力。

【文章结构】建议加一小段文字作为引导，说明下面这些建议之间的关系或者论述角度。

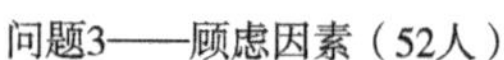

6. 针对 BIPV 目前问题的解决建议

（1）先从合适的建筑开始推广。从上文分析可知，目前光伏建筑一体化技术在住宅建筑行业由于前期成本高等难以得到推广。因此，笔者建议先从更加适合 BIPV 的建筑开始推广，如商业建筑和工厂建筑。工商业相较于房地产行业更加追求长期的收益，因此对于 BIPV 技术的接受程度会更高。此外，商业建筑和工厂建筑均有较大的电能需求，能够就地发电就地使用。对于光伏发电而言，自发自用相较于上网出售有着更短的成本回收周期，因此能够更早获取经济收益。

（2）宣传与发展需同步，宣传方式应多样化。从问卷结果可以看到群众对于 BIPV 技术的认知还具有较大的局限性——了解不足、购买意愿较低、存在各方面顾虑。但实际上近几年光伏发电和 BIPV 技术都处于飞速的发展之中，不少群众顾虑的问题实际上已经得到了解决。因此，笔者认为 BIPV 技术如果要得到普及和推广，宣传和发展必须同步进行，让群众的认知跟上光伏发展的步伐。此外，宣传方式应当多样化，内容应有针对性。可以利用微信公众号发放相关宣传推送，利用B站等视频平台推出BIPV宣传视频等。

（3）对于政府而言，可出台BIPV购买优惠政策调动群众的购买积极性。此处可以借鉴美国推广新能源汽车的政策，比如通过退税项目推广新能源汽车，辅以收入标准和退税数量限制[8]。美国新能源汽车正因这样的诸多政策得到了迅速的推广。对于我国而言，政府政策的支持也可能成为打开BIPV市场的关键因素。

（4）对于企业而言，应积极升级技术，推出不同方案满足消费者需求。不同消费者对于建筑采光度、美观性、保暖程度有着不同的需求，企业需要紧跟消费者才能够抓住市场。此外，还可以推出BIPV分期付款的模式，这样与BIPV的长期经济效益十分符合，减少了前期的投资成本，BIPV的收益也降低了后续的付款压力。BIPV分期付款模式能在一定程度上减小消费者的前期成本顾虑。

7. 总结与展望

通过BIPV建筑与传统建筑和BAPV的对比，相信读者已经了解BIPV各方面的优势。在环境与能源问题日益突出的今日，BIPV的绿色节能特点显得尤为重要；日益降低的光伏发电成本也使其经济效益与日俱增；BIPV组件别具特色的美感为建筑外观带来新元素。BIPV在有诸多优点的同时，目前确实也存在着一些问题。但一个行业的发展并非朝夕之间，发展的趋势才是决定未来的更关键因素。从BIPV行业蓬勃的生命力中可以预见，BIPV技术主导的绿色建筑在不久的未来能够得到推广，能够为更多人带来益处。

有人会说传统建筑虽没有那么多优点，但也并无太多缺陷，现在这么多普通建筑也没有什么坏处，没有必要被与光伏结合的建筑替代掉。但这种想法其实是错误的。更好的替代原有的、创新的替代传统的是事物发展的基本规律。数码相机诞生之后，胶卷相机便黯淡了；智能手机诞生之后，功能机便黯淡了。不是因为胶卷相机与功能机有什么坏处，而是没有优势本身就是极大的劣势。光伏建筑一体化与传统建筑之间的关系便是如此。当光伏建筑一体化技术成熟之后，建筑业的变革就自然发生了。

易陈谊
【格式规范】参考文献应保持格式统一。

参考文献

1 *百度百科词条 - BAPV*, < https://baike.baidu.com/item/BAPV > (2021).

2 肖潇 & 李德英. 太阳能光伏建筑一体化应用现状及发展趋势. *节能* **29**, 12-18 (2010).

3 中国建筑能耗研究报告2020. *建筑节能(中英文)* **49**, 1-6 (2021).

4 *百度百科词条 - 节能减排公式*, <https://baike.baidu.com/item/%E8%8A%82%E8%83%BD%E5%87%8F%E6%8E%92%E5%85%AC%E5%BC%8F> (2021).

5 郑鸿生 & 肖坚伟. 采用PVB膜制作的双玻璃光伏组件在BIPV上的应用. *中国建设动态: 阳光能源* **001**, 34-36 (2008).

6 *天友设计 | 天友零舍——国内首座近零能耗建筑的设计实践*, <http://www.tenio.com/news1/520.html> (2020).

7 郝雨楠, 李昊鹏 & 王静文. 光伏建筑一体化简介及问题分析. *门窗*, 21-22 (2019).

8 王乐, 高玥 & 李相. 美国加州新能源汽车推广政策及对我国的启示. *产业组织评论*, 161-174 (2017).

评语：文章的选题契合当前的时代发展。在对相关主题进行介绍的同时提出了自己的观点和建议，有较好的创新性。文章结构清晰，概念和总体逻辑关系清楚；但是在图表规范化和语言表达方面还有提升的空间。相信修改之后，文章会对读者更有吸引力。

学生的修改陈述信

易陈谊老师：

您好！我是未央书院的陈圣安。

在陈述信中我采取了这种“偷懒”的方式——对模板中的问题一一进行陈述，这样也更加条理清晰，便于易老师阅读。具体陈述如下：

·修改后的主题是什么？它是如何从草稿提升过来的？

长文终稿《未来建筑趋势：光伏建筑一体化》主题与初稿保持一致，在内容与语言上进行了诸多修改。从初稿到终稿前后进行了 5 次修改，分别完成了以下工作：

（1）针对易老师的批注进行了修改。

（2）补充了前言并提出了写作目的，并初次提及 BIPV 的概念。

（3）对第 1 节删减了不必要的内容，对第 2 节优化了语言表述、强化了段内逻辑。

（4）为各小节以及部分段落加上了总起段/句。

（5）调整了文章结构：将“BIPV 相较 BAPV 的优势”与“其他优势”合并为“优势分析”，并调整了其顺序、重新建立了逻辑关系——基于分布式光伏的优势（BIPV、BAPV 同时具有）、BIPV 相较于 BAPV 的优势。

（6）将“BIPV 相较于 BAPV 的优势”部分的语言进行了精简：原来每个优势独立成段，语言杂乱而分散；现在合为一段，每个分点总结成四个字，并用逻辑完整、突出对比的句子进行了描述。

（7）新增一节：“BIPV 的技术发展情况”，来分析 BIPV 技术问题的解决前景。

（8）重新整理了提出的个人建议，并进行了分类处理。

（9）对摘要及总结进行了修改，使其内容与文章契合、逻辑更加顺畅。

（10）更改了参考文献的格式。

·在修改的过程中，使你最有成就感的部分是哪些？

第 2 节：个人感觉此部分关于 BIPV 节能减排的数字计算较为形象且具有说服力。

第 5 节：个人感觉此部分的结构比较清晰、语言比较精简。

第 6 节：个人感觉此部分提出的建议具有一定的创新性与实用性。

·在你的草稿和修改稿写作过程中，使你感到最具有挑战性的部分是什么？你是如何面对和处理这些挑战的？

整体逻辑结构问题：在初稿中，节与节之间的逻辑关系并不完整，以至于全文不够流畅。在修改至终稿前，我重新整理全文大纲并梳理了节与节之间的联系，并在终稿中调整了全文结构，加入了更多过渡性的句子以及段落。

资料与数据的收集：此部分之所以具有挑战性是因为十分烦琐，通常网络上的数据大多已经不具有时效性。目前也没有找到太好的办法，只能耗费较多的时间。

·如有可能，你还希望在哪些方面改进本文？

本文在进行政策分析时虽然考虑了其他国家的情况，但其他部分还主要局限于国内 BIPV 的发展情况。如有可能，希望加入对其他国家 BIPV 发展的分析，并进行对比，最好再总结出值得国内借鉴的方式方法。

·其他想要交流的内容

感谢易老师一学期以来细心的教学，祝易陈谊老师假期快乐！

陈圣安

2021 年 6 月 13 日

未来建筑趋势：光伏建筑一体化*

摘要：在碳达峰、碳中和战略目标的背景下，中国传统建筑高能耗、高碳排放的缺点迫切需要得到解决，建筑的节能减排成为实现“双碳”目标的关键因素之一。通过笔者的调查，光伏建筑一体化技术（Building Integrated Photovoltaic，BIPV）作为新兴建筑节能技术之一具有多方面优势，却不为群众所了解。本文旨在加深读者对于BIPV的认知，并提出个人建议。本文首先介绍了BIPV的概念并明晰了BIPV与BAPV的区别，此后通过传统建筑能耗问题引出BIPV技术的节能减排优势，并接着分析了BIPV的各方面优势。其次，笔者通过问卷与文献调查分析了BIPV技术目前存在的问题及技术问题的解决前景，并具有创新性地提出了关于BIPV宣传与推广的建议。最后，笔者对全文内容进行了总结，并展望了BIPV技术的未来。

关键词：光伏建筑一体化；BIPV；建筑能耗；优势分析；群众认知；发展趋势；推广建议

0. 前言

光伏建筑一体化是一种将光伏产品集成到建筑上的技术（见图1右、图4、图5）。为了解群众对BIPV的了解程度以及购买意愿，笔者通过问卷星平台对拥有住房的成年人发放了调查问卷（详细分析见4.3节），从调查结果发现目前公众对于BIPV技术的认知十分有限，并且存在着诸多方面的顾虑。但实际上，群众诸多的顾虑已经得到了解决，同时BIPV技术在目前节能减排的时代背景之下有着较好的发展趋势。因此，笔者希望通过学习与调查，于本文带领读者进一步了解BIPV技术，并提出个人见解。

* 学生终稿。

1. BIPV 概念辨析

首先要明确一点，BIPV 不同于光伏建筑附着系统（Building Attached Photovoltaic，BAPV）。如图 1 所示，BAPV 是指附着在建筑物上的太阳能光伏发电系统，也称为“安装型”太阳能建筑[1]；而 BIPV 是指将光伏产品集成到建筑上，在建筑设计和建造之初就与建筑相互结合。根据不同的动能，可将 BIPV 分为“构件型”和“建材型”。“构件型”是指与建筑构件组合在一起或独立成为建筑构件的光伏构件[2]，如光伏遮阳构件、光伏雨棚构件等。“建材型”是指将太阳能电池与瓦、玻璃等材料复合在一起作为建筑材料[2]。目前，光伏瓦、玻璃光伏幕墙、光伏采光顶都属于“建材型”。BIPV 与 BAPV 的区别在于，BIPV 已经成为建筑的一部分，光伏组件也能够起到遮风挡雨、支撑等结构作用，而 BAPV 只是附加在原建筑上的额外组件，去掉之后建筑本身的结构和功能不会被破坏。本文中的讨论便需将 BAPV 与 BIPV 区分开来。

图 1　BAPV 与 BIPV 的区别（左为 BAPV 屋顶光伏，右为 BIPV 光伏幕墙）

2. 传统建筑存在的问题和 BIPV 的节能减排优势

随着可持续发展战略的提出与推进，传统建筑高能耗、高碳排放的缺点迫切需要解决，而 BIPV 技术正是行之有效的解决方法。目前，我国建筑能耗在总能耗中的占比超过了 40%，建筑节能刻不容缓。如图 2、图 3 所示，根据

《中国建筑能耗研究报告（2020）》，2018 年我国建筑在运行阶段能耗占总能耗比重为 21.70%，碳排放占 21.90%。若将建材生产阶段和建筑施工阶段也考虑进来，能耗占比高达 46.50%，碳排放占比高达 51.20%[3]。在能源纷争不断的国际背景之下，我国近年又提出了“碳达峰”和“碳中和”两大目标，建筑的节能减排显得尤为重要。

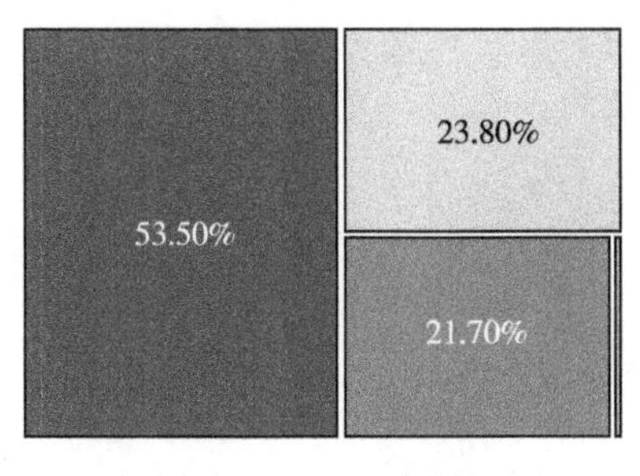

图 2　2018 年我国建筑能耗占全国能耗总量的比重

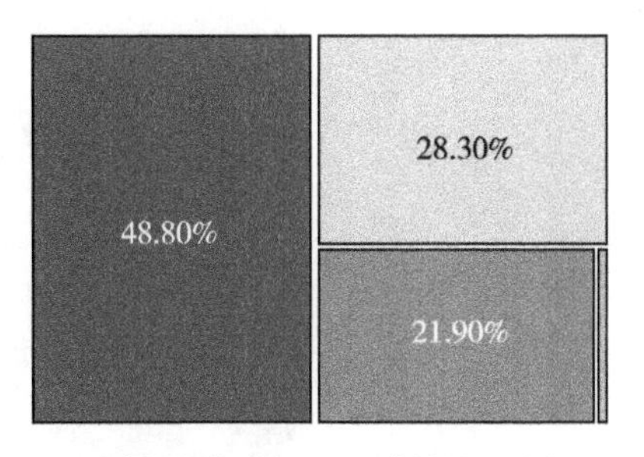

图 3　2018 年我国建筑碳排放占全国能源碳排放总量的比重

采用 BIPV 技术正可以有效减少建筑的能耗以及碳排放。以日本 Kyocera 总公司办公大楼为例（建筑规模见图 4），该建筑利用建筑南面和屋顶进行光伏发电，正常工作状态下发电功率为 220 千瓦。不妨进行一个计算，假设某建筑运用 BIPV 技术安装了 250 千瓦的光伏发电系统，按峰值日照时长取全国平均值 4 小时，发电系统效率取 85%，该建筑一年的发电量就可以达到 250×4×365×0.85=310250（千瓦·时），即 30 多万度电。按照当前 1 度电 1.2 元的商业电价、1 度电减排 0.9590 千克二氧化碳的标准[4]，该建筑利用光伏发电每年就可以省下 37 万元电费、减少二氧化碳排放量 298 吨。如果绿色出行（骑车或步行代替驾车）减排要达到相同目标，按照私家车行驶百公里耗油 9 升，每升耗油量产生 2.7 千克碳排放，那么需要步行 298000÷（0.09×2.7）= 1.23×10^6（千米）。若这栋约 20 层楼的建筑有 200 人使用，则每人每天需步行代替驾车出行约 16 千米，约成人的 22000 步。由此可见，BIPV 技术带来的绿色收益不容小觑，如果 BIPV 技术得到推广，不仅能解决传统建筑的能耗问题，还能为“双碳”目标贡献巨大力量。

图 4　Kyocera 总公司办公大楼

3. BIPV 的优势分析

BIPV 技术不仅能够节能减排，还在其他方面具有优点。本部分将分析 BIPV 技术节能减排之外的其他集中优势，并通过 BIPV 与 BAPV 的对比来突出其成本、寿命、美学和安全四个方面的优势。

3.1　BIPV 基于分布式光伏的优势

BIPV 建筑作为一种分布式光伏，在吸收辐射与发电等方面具有其独特的优势。本部分根据分布式光伏的特点，分析了 BIPV 技术在改善室内外温度、缓解用电高峰、减少传输损耗以及提高兼容性四个方面的优势。

（1）吸收太阳辐射，改善室内外温度。利用 BPIV 组件作为建筑的外侧，

能够直接吸收太阳能，并将其转化为电能，减少建筑外侧产生的热能，有效降低建筑内部的温度。与此同时，相较于普通玻璃，BIPV 也减弱了太阳辐射通过建筑墙体的反射量，能够降低室外综合温度。

（2）缓解夏季用电高峰需求。夏季阳光照射强度较高，气温炎热，制冷设备的大量使用使得夏季成为用电高峰。BIPV 发电系统在夏季发电功率及时长达到最大，在很大程度上降低了建筑对于电网供电的需求。BIPV 光伏系统在满足建筑自身需求的情况下甚至可以向电网供电，极大缓解了夏季用电高峰时电网的供电压力。

（3）减少电力传输损耗。相较集中式光伏发电站，光伏建筑一体化技术具有就地发电就地使用的特点，因此能够减少电力传输的投资以及运输过程中电力的损耗。

（4）与其他节能技术的兼容性。BIPV 技术的使用并不会给其他节能技术带来干扰，BIPV 能够与多种技术结合起来，发挥各自优势。以国内首个近零能耗建筑——天友零舍（见图 5）为例，一方面采取被动房标准的围护结构保温性能来保证建筑的节能效果；另一方面用太阳能光伏瓦做双坡形屋面、用彩色光伏薄膜做阳光房屋顶，以并网的方式为建筑提供电能[5]。BIPV 技术的兼容性便在此得到了体现。

图 5 零舍——光伏瓦和彩色光伏薄膜

3.2 BIPV 相较于 BAPV 的独特优势

本部分在前文明晰 BAPV 与 BIPV 区别的基础上，进一步分析 BIPV 相对

BAPV具有的优势。虽然BAPV也属于分布式光伏，同样具有改善室内外温度、缓解用电高峰、减少传输损耗和提高兼容性四种优势，但是两者相较而言，会发现BIPV技术在建造成本、使用寿命、美学设计和建筑安全四个方面还具有独特的优势。

（1）建造成本。BIPV光伏组件直接作为建筑的结构部分，相比BAPV减少了建筑结构耗费的材料，并且省去了BAPV光伏系统所需的支撑结构，因此在光伏发电单元组件相同的情况下具有更低的建造成本。

（2）使用寿命。相较于BAPV光伏组件完全暴露在室外环境之中，BIPV光伏组件只有受光面暴露在外，其余部分与建筑结合，并通过良好的封装处于密闭环境之中，所以BIPV光伏系统具有更长的使用寿命。

（3）美学设计。彩色光伏模块、不同透光率光伏模块的运用为BIPV建筑的美学设计带来了无限的可能（见图6），而BAPV光伏组件通常强加于原有建筑，在视觉效果上颇显多余，反而会增添拥挤与杂乱之感，可见BIPV建筑的美观性也更胜一筹。

图6　光伏建筑的美学设计

（4）建筑安全。BAPV“安装式”光伏作为附加结构会对原有建筑造成额外承重负担，并使受力情况更加复杂，但BIPV光伏组件与建筑融为一体，其安全性在设计之初便有国家建筑规范和幕墙规范的保证。此外，BIPV组件中的PVB胶片不仅能够粘连玻璃碎片，避免其飞溅伤人，还能吸收冲击能量，起到防震的作用[6]。因此，BIPV技术具有更高的建筑安全性。

从上文分析可见，BIPV相对于BAPV而言具有多方面的优势。因此，可以预测，虽然目前BAPV技术的使用更为广泛，但是在未来建筑更新换代的过程中，BIPV技术会逐渐取代BAPV技术而更加广泛地运用到建筑之中。

4. BIPV存在的问题

BIPV技术确有很多优点，且已经在许多示范工程中得到运用，但不能否认目前而言还存在着缺点，还需在未来得到解决。为使读者更加客观、全面地了解BIPV技术，本部分将介绍目前BIPV成本和技术上的问题以及问卷调查结果体现出的问题。

4.1　造价高于普通建筑，成本回收期较长

与普通建筑相比，BIPV建筑在建筑初期就需要进行更为复杂的设计。光伏组件如何放置才能保证发电效率、结构安全以及建筑物的整体美感？这些问题都使得建造之初的设计成本就高于普通建筑。目前，光伏系统的成本也是一个不小的数目。以光伏电站为例，如果将大部分电量上网、小部分自用，回收成本通常需要6~7年。对于房地产行业来说，BIPV技术带来的效益甚微，较高的初期成本无疑增加了投资风险。

4.2　部分技术有待突破

BIPV目前在技术上尚未完全成熟，在某些方面还有较大的进步空间。第一，寿命有待提高。目前，BIPV光伏组件的预期寿命能够达到50年，但在30年左右，光伏组件便开始表现出明显的老化。对于建筑物而言，预期寿命通常在50年以上，光伏组件寿命与建筑物寿命不匹配的问题日益凸显。第二，转换效率有待提升。光伏组件排布受到建筑物外形的限制[7]，遮阴问题可能使不同部位组件的直流电压等级出现差异，在有差异的情况下接入逆变器会影响光伏发电系统的效率。除此之外，连续阴雨天也会影响系统效率。

4.3 群众认知不足

为了解群众对光伏建筑一体化的了解程度以及购买意愿，笔者通过问卷星平台对拥有住房的成年人发放了调查问卷，共收回62份。问卷共有4个问题：①您对光伏建筑一体化（BIPV）了解程度如何？②您是否愿意选择BIPV住宅，或在自家安装光伏发电设备？（“不愿意”及“可以考虑”转问题③，“愿意”转问题④）③您顾虑的因素是什么？（可多选）④您选择的原因是什么？（可多选）调查结果如图7所示。

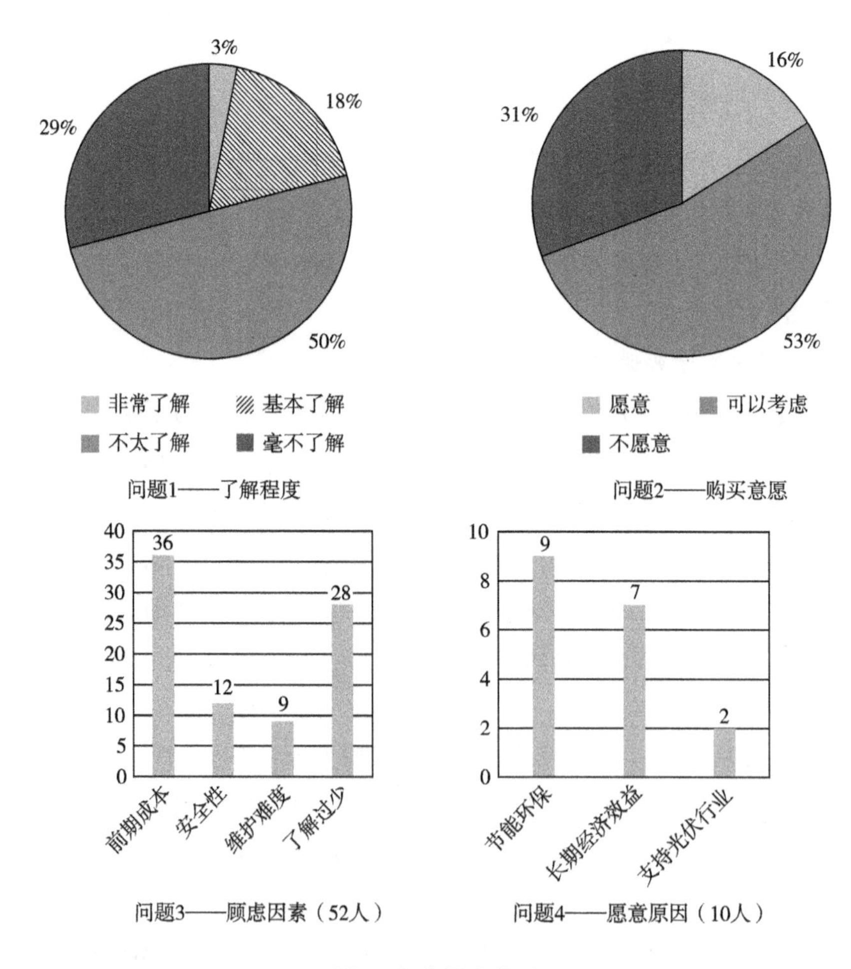

图7 问卷调查结果

图7左上饼状图显示，对于BIPV了解程度较低的群众已经超过了2/3（79%），了解程度高的人仅为极少数。整体而言，群众对光伏建筑一体化技术的了解还十分有限，对于未来的推广和普及十分不利。从问题②、问题③的调查结果来看，大部分群众对光伏发电还有顾虑，主要体现在经济效益以及了解不足两个方面。此外，在房价高昂的今天，仍有部分群众愿意为保护环境而使用BIPV技术，值得称赞。总体而言，目前群众对BIPV技术的认知十分有限，并且存在诸多的顾虑。在未来的推广普及之路上还需付出更多的努力。

5. BIPV的技术发展情况

虽然目前BIPV技术仍存在许多不足，但在国家政策的大力支持下，已经呈现出良好的发展趋势——BIPV不断克服问题，技术持续升级。本节将从政策支持与技术升级两个部分对BIPV技术的发展情况进行分析。

5.1 政策支持

从2012年开始，BIPV逐渐在全球各地区受到了重视，各国开始颁布政策对其进行规划以及扶持，如美国、英国、德国、日本纷纷提出了超低能耗建筑相关规划。2018年5月，美国加利福尼亚州能源委员会（CEC）全票通过了美国首个应用太阳能系统的建筑标准，并于2020年生效。根据该标准，加利福尼亚州所有三层及以内的新建住宅楼（包括单户型住宅和公寓）必须安装太阳能板。

我国对建筑领域的能耗从2015年开始持续关注，并相继发布了《民用建筑能耗数据采集标准》以及相关规划政策。例如，2016年《电力发展“十三五”规划》中的“重点发展屋顶分布式光伏发电系统，实施光伏建筑”、2018年《智能光伏产业发展行动计划（2018—2020年）》中的“建设独立的‘就地消纳’建筑光伏一体化电站”[8]、2019年《绿色建筑评价标准》中将可再生能源发电定为实现“绿色”建筑目标的重要手段以及各省份出台的绿色建筑补贴政策，体现了国家对BIPV的重视程度逐年提高。

国内外政策都对建筑的节能提出了越来越高的要求，关于BIPV的支持政策带动BIPV产业快速发展，驱使BIPV技术持续升级。

5.2 技术升级

近年来，在国家政策的支持下，BIPV得到了迅速的发展，一些问题已经得到了解决。下面分别从设计与技术两个方面举例说明 BIPV 的发展。

（1）通过优化设计弥补技术上的不足。截至 2019 年，产生了 200 余项相关专利，其中一项就缓解了光伏组件封闭环境的温度偏高问题——通过引入水流降低光伏组件温度，与此同时，能够利用太阳能辐射产生的热量加热水流，多层次利用太阳能并缓解温度问题。

（2）技术不断进步。光伏发电在性能提高的同时，成本也在不断降低，更不用说 BIPV 产品还在不断满足更多建筑功能的需求。2021 年，在第十五届 SNEC 国际太阳能光伏与智慧能源大会上，具有色彩多元、款式多样、A 级防火、抗风抗冻等多种优点的腾晖 BIPV 幕墙产品荣获了“太瓦级钻石奖”。

可见，在全球各国的政策支持之下，BIPV 处于持续的技术升级之中，诸多技术问题均有着良好的解决前景。因此，BIPV 的推广才是目前需要关注的主要问题。

6. 针对 BIPV 推广问题的解决建议

在技术能够得到解决的情况下，推广与普及的重要性便凸显出来。为促进 BIPV 的发展、加速 BIPV 的推广，笔者在本部分针对 BIPV 推广问题从企业、政府和群众三个方面提出了建议。

6.1　企业方面

（1）先从工商业建筑开始推广。从上文分析可知，目前 BIPV 技术在住宅建筑行业由于前期成本高等原因难以得到推广。因此，笔者建议先从更加适合 BIPV 的建筑开始推广，如商业建筑和工厂建筑。工商业相较于房地产业更加契合 BIPV 长期收益的模式，因此对于 BIPV 技术的接受程度会更高。此外，商业建筑和工厂建筑均有较大的电能需求，能够就地发电就地使用。对于光伏发电而言，自发自用相较于上网出售有更高的收益、更短的成本回收周期，因此能够更早获得经济收益。

（2）推出 BIPV 住宅分期付款模式。分期付款模式与 BIPV 建筑的长期经济效益结合恰好能够取长补短——分期付款模式减少了 BIPV 前期的投资成本，BIPV 的长期收益也降低了后续的付款压力。因此，二者结合的 BIPV 分期付款模式能在很大程度上降低顾客对前期成本和经济效益的顾虑。

6.2 政府方面

（1）出台优惠政策调动群众的购买积极性。此处可以借鉴美国推广新能源汽车的政策，如通过退税项目推广新能源汽车，辅以收入标准和退税数量限制[9]。美国新能源汽车正因这样的诸多政策得到了迅速推广。对于我国而言，政府政策的支持也可能成为打开 BIPV 市场的关键因素。但是，目前还不需要急于颁布这样的政策，需要在 BIPV 技术更加成熟、迈入房地产行业的时候再颁布相应的优惠政策。

（2）颁布政策进一步加快 BIPV 产业布局。指标类政策是中国规划的一大特点，在 BIPV 行业也已经有一些例子：《光电建筑发展“十三五”规划》提出“力争使新建光电建筑占新建绿色建筑的 25%”、《建筑节能与绿色建筑发展“十三五”规划》规定“城镇可再生能源替代民用建筑常规能源消耗比重超过 6%”、《太阳能发展“十三五”规划》提出“到 2020 年建成 100 个分布式光伏应用示范区”。全球 BIPV 行业迅速发展，中国不应错过这次发展机会，应当颁布新政策、提出新的指标来加快 BIPV 产业布局。

6.3 群众方面

宣传应与发展同步——针对群众的疑惑加大宣传力度。从问卷结果可以看到，群众对 BIPV 技术的认知还具有较大的局限性——了解不足、购买意愿较低、存在各方面的顾虑。实际上，近几年光伏发电和 BIPV 技术都处于飞速发展中，不少群众顾虑的问题实际上已经得到了解决，可见群众产生顾虑的根本原因是 BIPV 知识的普及与更新不够及时。为更好地为群众普及相关知识，应采用多样化的宣传方式，以及有针对性的宣传内容。可以利用微信公众号发放相关宣传推送，利用 B 站等视频平台推出 BIPV 宣传视频等，通过多种途径进行宣传来提高效果；借助更多调查结果来了解群众的疑虑并重点讲解与宣传，以提高宣传的针对性。总之，为使 BIPV 技术在市场上得到普及与推广，宣传与发展必须同步进行，以此带动群众认知跟上光伏发展的脚步。

7. 总结与展望

在环境与能源问题日益突出的今日，BIPV 的绿色节能优势显得尤为重要；日益降低的光伏发电成本也使其经济效益与日俱增；BIPV 组件别具特色的美感为建筑外观带来新元素。虽然目前 BIPV 占据的市场还小于 BAPV，但行业的发展并非朝夕之间，发展的趋势才是决定未来的更关键因素。BIPV 凭借多方面优势以及政府政策的支持，在十分迅速地发展着。通过 BIPV 行业蓬勃的生命力可以预见，在不久的将来 BIPV 会逐渐取代传统建筑得到进一步推广，进而走进群众的生活，为人民、为国家带来更多益处。

参考文献

1 光伏太阳能网．*BIPV 和 BAPV 浅析*，<http：//topic. solarzoom. com/20120417/index. html >（2013）．

2 肖潇 & 李德英．太阳能光伏建筑一体化应用现状及发展趋势．*节能* **29**，12-18（2010）．

3 中国建筑能耗研究报告 2020. *建筑节能（中英文）* **49**，1-6（2021）．

4 百度百科词条．*词条 - 节能减排公式*，<https：//baike. baidu. com/item/%E8%8A%82%E8%83% BD% E5% 87% 8F%E6%8E%92%E5%85%AC%E5%BC%8F>（2021）．

5 佚名．*天友设计 | 天友零舍——国内首座近零能耗建筑的设计实践*，<http：//www. tenio. com/news1/520. html>（2020）．

6 郑鸿生 & 肖坚伟．采用 PVB 膜制作的双玻璃光伏组件在 BIPV 上的应用．*中国建设动态：阳光能源* **001**，34-36（2008）．

7 郝雨楠，李昊鹏 & 王静文．光伏建筑一体化简介及问题分析．*门窗*，21-22（2019）．

8 秦文军 & 李想．中国光伏建筑一体化行业概况与发展前景．*建筑学报*，6-9（2019）．

9 王乐，高玥 & 李相．美国加州新能源汽车推广政策及对我国的启示．*产业组织评论*，161-174（2017）．

代表性案例 2

摩擦纳米发电机（TENG）介绍及其应用展望*

摘要：摩擦纳米发电机（Triboelectric Nanogenerator，TENG）是一种基于摩擦发电和静电感应效应的发电机，属于新型清洁能源。TENG 相较于传统清洁能源具有发电条件需求低、发电功率密度高、易于小型化的特点，具有极大的应用前景。本文在综述现有 TENG 应用场景的基础上，给出了两类小型化 TENG 的应用场景和研究方向。

关键词：摩擦纳米发电机（TENG）；小型化 TENG；传统清洁能源；功率密度

0. 引言

随着清洁能源技术的不断发展，以风能、水能和光能为首的清洁能源发电量逐年增长。然而，以上三种发电方式由于受发电原理的限制，具有一定的局限性。例如，三者均对发电环境和发电条件有较严苛的限制：风电机组需要安置于风能充足的地区；水电站需要依傍江河；光伏电站需要稳定、充足的光照条件等。

此外，为了保证发电效率，传统清洁能源①具有一定的体积限制，即发电机不能够过小。因此，传统清洁能源发电技术的小型化存在困难。

不同于以上传统清洁能源技术，TENG 基于摩擦发电原理，能够将摩擦、机械振动等无用能量转化为有用的电能。因此，理论上 TENG 能够做到随时随地、无时无刻地发电，具有发电局限性小的特点。此外，TENG 也具有易于小

* 含教师修改过程的学生初稿。

① 本文将以风能、水能、光能为代表的清洁能源称为传统清洁能源；作为对比，摩擦纳米发电机（TENG）为新型清洁能源。

型化的特点，这也使 TENG 能够应用于小型化电路系统，具有极大的应用前景。

本文首先介绍 TENG 的工作机理，分析其性质；其次将 TENG 与传统清洁能源发电机进行比较，说明小型化 TENG 的优势；最后对 TENG 已有的应用进行介绍，并提出基于小型化 TENG 系统新的应用展望。

【语言表达】节标题应该更完整地概括本节内容。

1. 摩擦纳米发电机（TENG）的工作机理介绍

王中林团队[1] 于 2012 年首次提出并发明了摩擦纳米发电机 TENG。TENG 是一种基于摩擦发电、静电感应效应，将机械能转化为电能的装置。它能够收集大自然中低频、不规则的机械能，并将其转化为电能；实现了对原本无用的机械能的收集利用。

【语言表达】图 1 就可以。

根据工作环境及条件的不同，TENG 共发展出四种结构及工作模式：垂直接触-分离模式（Vertical Contact-Separation Mode）、水平滑动模式（Lateral-Sliding Mode）、单电极模式（Single-Electrode Mode）和独立层模式（Free-standing Triboelectric-Layer Mode）。图片 1[2] 展示了四种 TENG 的结构及其工作模式。

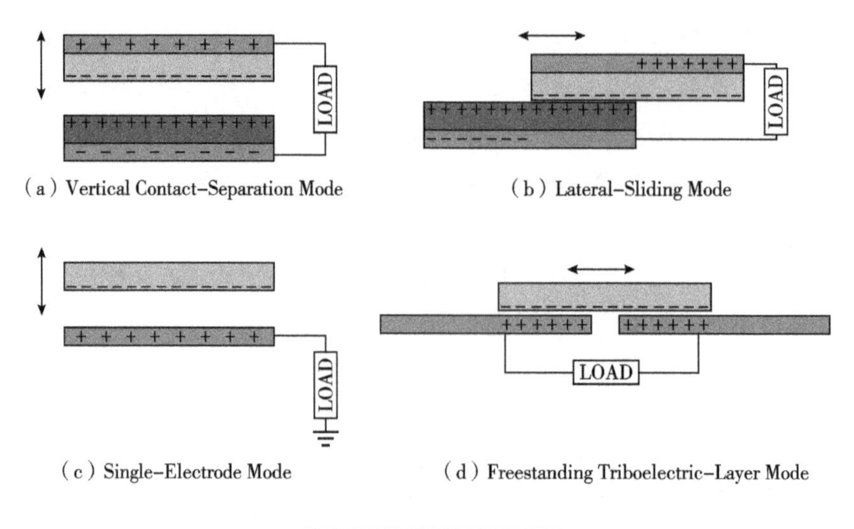

（a）Vertical Contact-Separation Mode　（b）Lateral-Sliding Mode

（c）Single-Electrode Mode　（d）Freestanding Triboelectric-Layer Mode

【引用规范】如果是引用的图片需要进行标注引用。

图片 1　四种 TENG 结构

由于四种 TENG 仅存在结构和工作模式上的不同，原理上均基于摩擦发电和静电感应原理，因此本文以垂直接触-分离模式为例介绍 TENG 的工作机理。

1.1 垂直接触-分离式 TENG

【语言表达】只有一个分项就不必用1.1了。

垂直接触-分离式 TENG 是最早发明的一类 TENG。两个极板在外力作用下相互接触挤压，使极板上具有纳米结构的涂层相互接触并发生摩擦。根据摩擦发电原理，两涂层表面发生电荷转移，从而使上、下极板分别带正、负电。

此后，在外力的作用下，两极板相互分离；接触摩擦时产生的电荷则分别保留在极板上，使得极板间产生电势差，从而实现机械能向电能的转化。[2-5] 图片 2[3] 给出了垂直接触-分离式 TENG 的工作机理示意图。

【逻辑条理】这句跟本段内容没有密切联系。可以考虑放到正式介绍工作机理前。

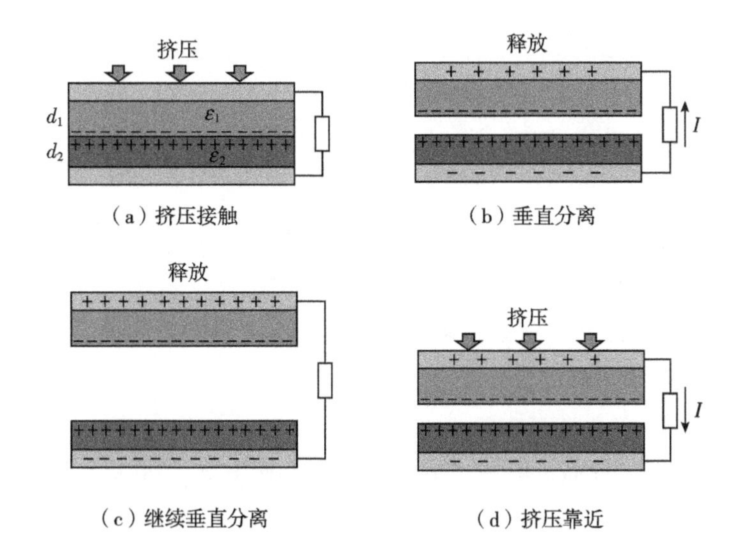

图片 2 垂直接触-分离式 TENG 工作机理

综上可知，TENG 具有以下性质：发电能力仅与接触表面有关，即发电能力仅由接触材料、接触表面微结构和接触面积决定；外界环境对 TENG 发电能力的影响较小、发电条件需求低。

2. 传统清洁能源发电的局限与小型化 TENG 的优势

国际可再生能源机构（International Renewable Energy Agency，IREA）于

2021 年 3 月的统计报告显示，截至 2020 年底，全球清洁能源总装机容量达到了 2799GW。其中，风能、水能和光能总装机容量为 2660GW，占比为 95%。[6]

【逻辑论述】TENG 的应用是否需要从装机的角度进行论述？

虽然现在传统清洁能源于清洁能源发电中占比巨大，但是鉴于传统清洁能源的局限性和以 TENG 为代表的新型清洁能源技术的不断发展，未来以 TENG 为代表的新型清洁能源总装机量占有率将逐步走高。

2.1　传统清洁能源发电的局限性

首先，传统清洁能源发电具有较强的地域局限性。以水能发电为例，作为传统清洁能源中装机容量最大的发电方式，其在设计选址时需要考虑地理、水文等多方面条件。

其次，传统清洁能源发电对环境变化敏感，发电稳定性低。对于风能和光能发电而言，除了选址时需要选择风力大、光照强的地区，不稳定的天气会引起发电过程中输出功率波动。输出功率的波动会对电网产生冲击，危害电网的安全稳定运行[7]。

相较之下，TENG 不存在如上传统清洁能源的局限性。TENG 对工作条件的要求较低，能够于一切存在低频振动的环境中工作。因此，TENG 可以广泛地应用于生产生活之中，将原本无用的耗散能转变为电能。

2.2　TENG 的发展前景

丁亚飞等[4] 研究了可穿戴式 TENG 发电效率，得出以黑磷、纤维素油酰酯为主要材料的 TENG 收集人体走动过程中能量，峰值功率密度可达 $5500mW/m^2$。人体日常运动过程中可产生 130W 的能量[8]，如果此项技术成熟，仅收集全球 70 亿人运动时能量便能够达到 910GW。因此，TENG 具有极大的发展前景。

【计算合理性】此处按这种方法计算是否合理？要综合考虑使用率和能量利用率。

2.3　小型化 TENG 的优势

传统清洁能源发电的功率密度与发电机体积或面积有紧密的联系；通常而言，发电机体积或面积越大，其发电功率越大。然而，发电功率与发电机体积或面积的变化关系并非线性。假设发电功率为 P，发电机面积为 S，那么，$P=k\times S^{\alpha}$ 中 $\alpha\neq 1$。由此可定义功率密度 $\omega_P=\frac{P}{S}=k\times S^{\alpha-1}$。对于传统清洁能源发电机，$\alpha>1$，故发电机面积（体积）较小时，发电功率密度小，发电效能低。

以风力发电机为例，其能够将风的动能转化为电能。假设以风以匀速 v 垂直刮向风力发电机，距离转轴（r，$r+dr$）处扇叶受力为：

$$dF=\frac{\mathrm{d}p}{\mathrm{d}t}=\frac{d}{\mathrm{d}t}(2\pi rdr\times vdt\times\rho\times v)=2\pi r\rho v^2dr \tag{1}$$

那么力矩为：

$$dM=dF\times r=2\pi r^2\rho v^2dr \tag{2}$$

积分可得总力矩 M：

$$M=\int_0^R 2\pi r^2\rho v^2dr=\frac{2}{3}\pi\rho v^2R^3 \tag{3}$$

假设风机转速为 ω，发电功率 P 为：

$$P=\eta*M*\omega=\frac{2}{3}\eta\pi\rho\omega v^2R^3 \tag{4}$$

$$\because S=\pi R^2$$

$$\therefore P\propto S^{1.5};\ \omega_P\propto S^{0.5} \tag{5}$$

由式（5）可以看出，风电机组需要较大的面积才能够保持较高的功率密度，并且风机越小，其发电功率衰减越强。

然而对于 TENG 而言，由于其发电功率仅与接触面积、接触表面材质和微结构相关；在运用相同材料和结构时，其发电功率与接触面积成正比，即 $P=kS$。因此，TENG 的发电功率密度 $\omega_P=k=Const$ 恒定。

目前，TENG 能够达到的最高功率密度为王中林团队[9] 于 2014 年实现的 $2670W/m^2$；这是光伏发电功率密度平均值 $200W/m^2$ 的十倍多。[9,10]

【对比合理性】两个数据比较的合理性值得商榷。

综上所述，由于 TENG 具有发电功率密度恒定的特性，其易于被小型化；并且相较于传统清洁能源发电，TENG 在小体积时能够提供更强的发电功率。因此，小型化 TENG 在小型化电路系统中拥有着极大的应用前景。

3. TENG 当前的研究介绍与小型化 TENG 的应用展望

3.1　TENG 当前的研究介绍

当前关于 TENG 的研究可以总结为以下三个方向：首先是对 TENG 电极材料及表面微结构的研究，其目的在于提升 TENG 的输出性能，提高功率密度。其次是改造 TENG 结构，应用于实际，建成 TENG 发电站。最后是基于 TENG

能够将机械振动转化为电信号的特性，开发新型自驱动器件或自驱动微系统。

自2012年TENG首次提出以来，对TENG电极表面材料和表面微结构的研究一直在进行。截至2019年，通过改变TNEG电极材料和微结构，TENG发电功率密度以由2012年的3.67mW/m^{2}提升至2670W/m^2，性能提升了约70万倍。[10] 截至目前，有关TENG电极材料选取以及性能提升的研究已经趋于成熟，TENG已具有一定的应用前景；因此，TENG的第二类研究便是将其运用于实际，建成TENG发电阵列。

【语言表达】错别字。

【逻辑关系】为什么称为“第二类”？

海洋能源又称“蓝色能源”。不同于传统清洁能源，海洋能源的获取较为困难。这是因为传统的基于电磁感应原理的发电机对输入能量的频率稳定性要求较高，而以海浪能、潮汐能为代表的蓝色能源频率较低且不稳定。[11] 虽然这样的工作环境不适用于传统发电机工作，但是符合TENG工作条件；因此，构建TENG阵列收集蓝色能源具有可行性，也是当前TENG的一大应用方向之一。

【语言表达】语意重复。

此外，传统的传感器需要电池的提供能源，导致电路系统较为复杂、不易小型化。然而，TENG由于能够高效地将机械能转化为电能，因此，TENG本身可作为传感器直接使用。TENG在外界机械作用下，能够将受迫力转化为电信号；因此，TENG作为有源传感器相较于无源传感器具有更大的优势。这也是目前TENG研究中的一个重要分支。[12-14]

【语言表达】句子不通顺。

3.2 小型化TENG应用展望

本文3.1部分中对目前TENG的三个研究方向进行了概述，接下来本文将对小型化TENG的应用做出展望。

【语言表达】“本文”重复得有点多。

本文2.3部分通过将TENG与传统清洁能源发电进行对比，阐述了小型化TENG具有的优势。本文接下来将基于小型化TENG的优势，提出小型化TENG可能的几个应用前景，并将其与现有技术对比，突出其优良性质。

【语言表达】表达可以更精练。

设备的小型化、轻量化与电路系统的续航存在着根本性矛盾。现有电路系统大都采用电池作为能量来源，而电池的容量与电池的体积与重量存在着直接联系①。因此，在TENG发明前，系统的小型化、轻量化与系统的长续航可谓“鱼和熊掌不可兼得”。随着TENG技术的不断发展成熟，这样的矛盾将逐步

① 以锂电池为例，其能量密度存在着理论极限。电池所能携带的最大能量直接取决于电池的体积和质量。

得到解决。

3.2.1　TENG在鸟类迁徙研究中的应用

在对鸟类迁徙的研究中，安装GPS信标是一种准确度较高、应用较广的手段。GPS信标会间隔一定时间①发送定位信号，使研究人员得知鸟类飞行路线，从而获取鸟类的迁徙规律。

在此场景中，GPS信标的安装是一次性的，即安装后无法召回进行更换电池。因此，电池的容量直接决定了信标的使用寿命。然而，为了减少对鸟类本身的影响，对信标质量和体积的管控有严格的规定②。这就导致电池容量受到了严格的限制，信标的续航能力较弱。[15]

如果将TENG运用于鸟类迁徙研究中，则能够根本性地解决以上问题。TENG大都以高分子合成材料作为基板，并附以具有纳米微结构的金属涂层③。尼龙66作为TENG基板的主要材料，其质量密度为1.15g/cm³；因此，通过计算可得④，质量为5g的TENG最大能够提供2W的输出功率[16]。这足以使GPS信标正常工作。

【语言表达】语意重复。

【数据合理性】考虑工作条件，确定计算合理性。

因此，在对鸟类迁徙的研究中，TENG供电相较于传统锂电池供电拥有以下优势：首先，只要研究对象具有生理机能，TENG便能够收集鸟类飞翔中振翅的能量并转化为电能输出，为GPS信标电路系统提供源源不断的能量输入，实现对研究对象全生命周期的监测。其次，在相同的输出功率下，TENG比锂电池的质量更轻；因此基于TENG供电的信标对鸟类的影响更小。最后，由上述计算可得：5g的TENG能够输出2W的功率，这远远超过了GPS系统所需要的功率。因此，额外的功率允许研究人员安装监测鸟类生理状态的传感器，从而使对鸟类本身的研究更加完善。

综上所述，TENG于鸟类迁徙研究中的应用具有较大的优势和前景。

---

①　间隔时间根据鸟类迁徙规律的不同，可为几天至几个月。

②　为了减少信标对研究对象的影响，信标的质量需要控制在研究对象体重的4%以下。

③　TENG结构可化简为两个能够相互接触摩擦的极板。每个极板又由基板和涂层构成，其中基板由不导电的高分子聚合材料构成，涂层由具有纳米微结构的金属材料构成。由于涂层厚度近似可以忽略，因此TENG的主要质量源于基板的质量，即可认为TENG的质量密度等于基板高分子材料的质量密度。

④　王中林于2013年发表的文章指出：TENG的最大输出功率密度可以达到490kW/m³。因此，若将尼龙66的质量密度近似认为是TENG的质量密度，5g重的TENG体积为4.4cm³；因此，其最高输出功率可达2W。

3.2.2　TENG在植入式医疗器械中的应用

随着医疗技术和医疗器械的不断发展，植入式医疗器械获得了蓬勃发展并被广泛地应用于治疗中。虽然植入式医疗器械有很多的优势，但是其不可避免地会面临能量供给问题。以心脏起搏器为例，其能量供给来源为锂电池，因此其工作寿命有限，一旦电量耗尽，需要通过手术更换电池。这不仅会为患者带来极大的经济负担，手术本身也具有极大的安全风险[17]。因此为了使植入式医疗器械进一步发展，解决能源供给问题显得尤为重要。

TENG作为一种能够将机械振动高效转化为电能的装置，在植入式医疗器械中具有极大的应用前景。以心脏起搏器为例，如果运用植入式TENG作为其电源，那么，TENG可以在心脏正常时进行能量储备；在出现紧急情况需要心脏起搏器工作时，储存的能量输出，使心脏起搏器工作。此外，由于TENG本身可以作为有源传感器，因此TENG在收集心脏跳动能量时，也能够对心脏跳动情况进行监测，帮助医生判断患者状态。

【概念混淆】TENG本身是否可以储存能量？

刘卓团队[18]开发了具有良好生物相容性的接触-分离式TENG。他们将一块1.2cm×1.2cm的TENG植入小鼠左胸下皮组织后，测量得峰值输出功率密度为1.5mW/m²。经计算，大鼠呼吸5次过程中TENG产生的能量便足够心脏起搏器工作一次[17]。此实验说明了植入式TENG已经具有良好的发电性能，且拥有较大的发展空间。因此，TENG在植入式医疗器械中有良好的发展和应用前景。

【数据合理】该数据比较符合实际工作情况，跟前面峰值功率差很多。

4. TENG目前存在的问题

自TENG于2012年首次被提出以来，关于TENG的研究层出不穷。十年间，研究人员从材料选取、表面微纳结构、电源管理和器件应用等角度改进了TENG，获得了输出效能高、稳定性强的TENG。然而，作为一个新兴的研究领域，TENG研究不可避免地存在一些问题和局限，有待日后研究改善。

首先，由于TENG基于摩擦发电原理，因此具有断路电压高、短路电流小的特点。这与传统用电器低电压、高电流的用电需求相矛盾；因此，即使TENG输出的功率高，但是如果没有高效的电源管理技术，输出的电能很难被有效的利用。

其次，现有的有关TENG的研究大多停留在实验室层面，未能达到量产要求。因而TENG真正走进生产生活仍需要进一步的研究和改进。

5. 结语

TENG 作为一种新兴清洁能源，固然存在着诸多问题有待解决；但是，其卓越的输出性能和小型化优势值得进一步研究探索。伴随着 TENG 技术的不断成熟，TENG 将会拥有更大的装机容量和更广阔的应用前景。相信在不久的将来，基于 TENG 的设备将广泛的出现在人们的生活中，为人类提供便利。

参考文献

1 Fan, F. -R. , Tian, Z. -Q. & Lin Wang, Z. Flexible triboelectric generator. *Nano Energy* **1**, 328 - 334, doi: https: //doi. org/10. 1016/j. nanoen. 2012. 01. 004 (2012) .

2 Wu, C. , Wang, A. C. , Ding, W. , Guo, H. & Wang, Z. L. Triboelectric Nanogenerator: A Foundation of the Energy for the New Era. Advanced Energy Materials 9 (2019) .

3 毕晨 et al. 摩擦纳米发电机及其应用 . *微纳电子技术* **57**, 169-182+222 (2020) .

4 丁亚飞 & 陈翔宇 . 基于摩擦纳米发电机的可穿戴能源器件 . *物理学报* **69**, 8-27 (2020) .

5 程广贵 et al. 基于织构表面的摩擦静电发电机制备及其输出性能研究 . *物理学报* **65**, 5-12 (2016) .

6 Agency, I. R. E. (2021) .

7 何永秀, 关雷, 蔡琪, 刘小丽 & 李成仁 . 抽水蓄能电站在电网中的保安功能与效益分析 . *电网技术*, 54-57+67 (2004) .

8 Wang, Z. L. Towards Self-Powered Nanosystems: From Nanogenerators to Nanopiezotronics. Advanced Functional Materials **18**, 3553 - 3567, doi: https: // doi. org/10. 1002/adfm. 200800541 (2008) .

9 Changbao Han, C. Z. , Wei Tang, Xiaohui Li & Zhong Lin Wang. High

power triboelectric nanogenerator based on printed circuit board（PCB）technology. 722–730（2015）.

10 汪朋飞 & 杨平. 摩擦纳米发电机研究可视化图谱分析. *科学技术与工程* **20**, 9716–9723（2020）.

11 摩擦纳米发电机：蓝色能源梦想成真. *润滑与密封* **41**, 13（2016）.

12 杜小振，张龙波，于红 & 曾庆良. 自供能传感器能量采集技术的研究现状. *微纳电子技术* **55**, 265–275+283（2018）.

13 王中林. 纳米发电机作为可持续性电源与有源传感器的商业化应用. *中国科学：化学* **43**, 759–762（2013）.

14 贾沛宇. 摩擦纳米发电机的结构与原理分析. *南方农机* **48**, 42（2017）.

15 伍和启，杨晓君 & 杨君兴. 卫星跟踪技术在候鸟迁徙研究中的应用. *动物学研究*, 346–352（2008）.

16 Zhong, L. W. Triboelectric Nanogenerators as New Energy Technology for Self-Powered Systems and as Active Mechanical and Chemical Sensors. *ACS Nano* 7, 9533（2013）.

17 摩擦纳米发电机利用呼吸产生的电能驱动心脏起搏器. *机械* **41**, 17（2014）.

18 刘卓 *et al.* 基于摩擦纳米发电机的自驱动植入式电子医疗器件的研究. *中国科学：技术科学* **47**, 1075–1080（2017）.

评语：文章选题、结构和表达总体都挺好，存在少量表达不规范的问题。另外，写科学性较强的文章时需要考虑实际情况，避免给读者带来不准确的印象。相信修改后，文章的科学性和对读者吸引力都会更强。

学生的修改陈述信

易陈谊老师：

您好！我是致理书院的夏煜林。

本文修改后的主题仍为对摩擦纳米发电机（TENG）的介绍及应用展

望；但是相较于初稿，首先对语言表述不清处进行了修改，使全文语言更加严密。其次，调研了更多的文献，使2.2部分、2.3部分、3.2部分中计算引用的数据更具科学性。此外，在2.2部分中，补充了TENG在“蓝色能源”中的应用前景；相较于初稿中仅从装机容量方面考虑发展前景更为全面。

在修改的过程中，最具有成就感的是2.3部分。我结合对风机发电功率密度的计算公式，计算得到了小体积风机的发电功率密度；再将其与相同尺寸下的TENG进行对比，突出了小型化TENG的优势。在数据的支撑下，上述论证更为严谨有力。

在初稿和修改稿的撰写中，最具有挑战性的部分为“小型化TENG应用展望”。因为这个部分是我基于TENG性质自行提出的，前人的研究相对较少。因此，在撰写此部分时，我充分调研了相关领域的文献，通过数据计算等分析其可行性，从而提出了两种适合小型化TENG应用的场景。

如果有可能，希望基于我提出的小型化TENG应用场景进行实验测量，获得更多、更准确的发电特性，从而使构想更具科学性。

最后，感谢老师这一个学期以来的教导；写作与沟通这门课不仅教会了我如何规范地撰写一篇论文，同时我的口头表达能力也得到了提升，受益匪浅。

夏煜林

2021年6月13日

摩擦纳米发电机（TENG）介绍及其应用展望*

摘要：摩擦纳米发电机（Triboelectric Nanogenerator，TENG）是一种基于摩擦发电和静电感应效应的发电机，属于新型清洁能源。TENG 相较于传统清洁能源具有发电条件需求低、发电功率密度高、易于小型化的特点，具有极大的应用前景。本文在综述现有 TENG 应用场景的基础上，给出了两类小型化 TENG 的应用场景和研究方向。

关键词：摩擦纳米发电机（TENG）；小型化 TENG；传统清洁能源；功率密度

0. 引言

随着清洁能源技术的不断发展，以风能、水能和光能为首的清洁能源发电量逐年增长。然而，以上三种发电方式由于受发电原理的限制，具有一定的局限性。例如，三者均对发电环境和发电条件有较严苛的限制：风电机组需要安置于风能充足的地区；水电站需要依傍江河；光伏电站需要稳定、充足的光照条件等。

此外，为了保证发电效率，传统清洁能源①具有一定的体积限制，即发电机不能够过小。因此，传统清洁能源发电技术的小型化存在困难。

不同于以上传统清洁能源技术，TENG 基于摩擦发电原理，能够将摩擦、机械振动等无用能量转化为有用的电能。因此，理论上 TENG 能够做到随时随地、无时无刻地发电，具有发电局限性小的特点。此外，TENG 也具有易于小型化的特点，这也使 TENG 能够应用于小型化电路系统，具有极大的应用

---

* 学生终稿。

① 本文将以风能、水能、光能为代表的清洁能源称为传统清洁能源；作为对比，摩擦纳米发电机（TENG）为新型清洁能源。

前景。

本文首先介绍TENG的工作机理，分析其性质；其次将TENG与传统清洁能源发电机进行比较，说明小型化TENG的优势；最后对TENG已有的应用进行介绍，并提出基于小型化TENG系统新的应用展望。

1. TENG的工作机理及工作模式介绍

王中林团队[1] 于2012年首次提出并发明了TENG。TENG是一种基于摩擦发电、静电感应效应，将机械能转化为电能的装置。它能够收集大自然中低频、不规则的机械能，并将其转化为电能；实现了对原本无用的机械能的收集和利用。

根据工作环境及条件的不同，TENG共发展出四种结构及工作模式：垂直接触-分离模式（Vertical Contact-Separation Mode）、水平滑动模式（Lateral-Sliding Mode）、单电极模式（Single-Electrode Mode）和独立层模式（Free-standing Triboelectric-Layer Mode）。图1[2] 展示了四种TENG的结构及其工作模式。

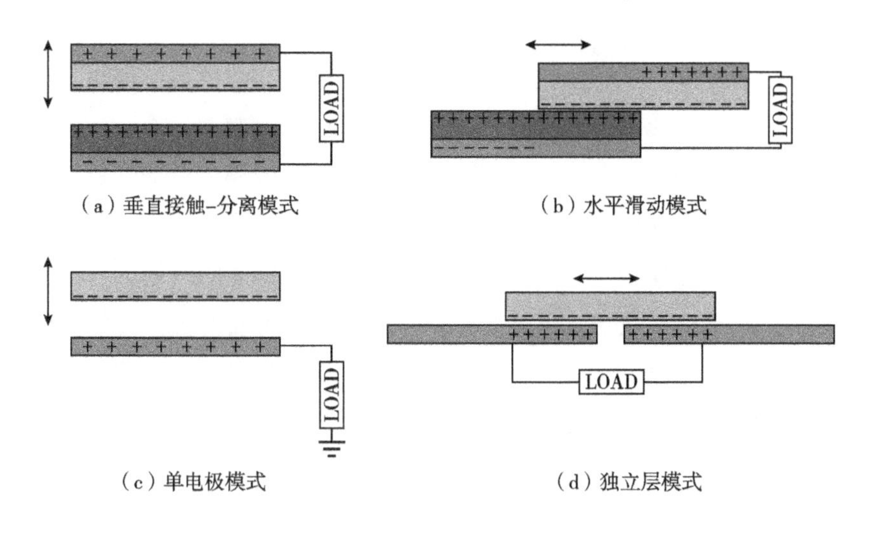

（a）垂直接触-分离模式　（b）水平滑动模式

（c）单电极模式　（d）独立层模式

图1　四种TENG结构

由于四种TENG仅存在结构和工作模式上的不同，原理上均基于摩擦发电和静电感应原理，因此本文以垂直接触-分离模式为例介绍 TENG 的工作机理。

垂直接触-分离式 TENG 是最早发明的一类 TENG。图 2[3] 给出了垂直接触-分离式 TENG 的工作机理示意。两个极板在外力作用下相互接触挤压，使极板上具有纳米结构的涂层相互接触并发生摩擦。根据摩擦发电原理，两涂层表面发生电荷转移，从而使上、下极板分别带正、负电。

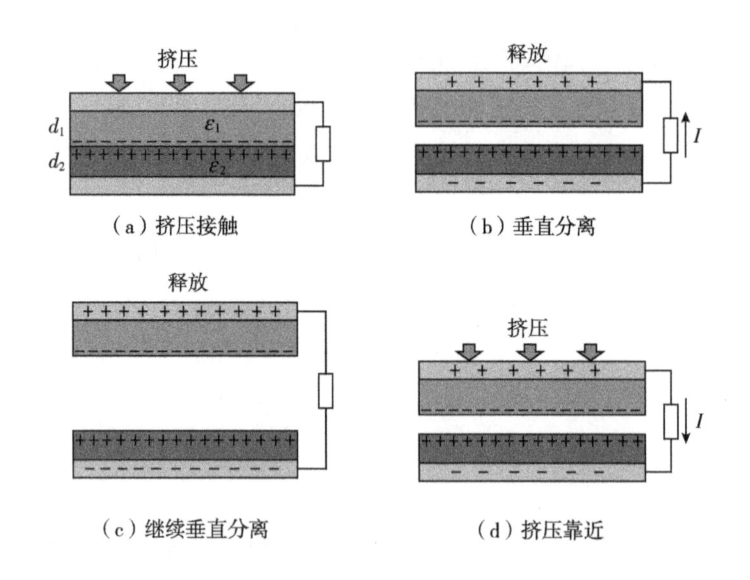

图 2　垂直接触-分离式 TENG 的工作机理

此后，在外力作用下两极板相互分离；接触摩擦时产生的电荷则分别保留在极板上，使极板间产生电势差，从而实现机械能向电能的转化。[2-5]

综上可知，TENG 具有以下性质：发电能力仅与接触表面有关，即发电能力仅由接触材料、接触表面微结构和接触面积决定；外界环境对 TENG 发电能力的影响较小、发电条件需求低。

2. 传统清洁能源发电的局限与小型化 TENG 的优势

国际可再生能源机构（International Renewable Energy Agency，IREA）于 2021 年 3 月的统计报告显示，截至 2020 年底，全球清洁能源总装机容量达到了 2799GW。其中，风能、水能和光能总装机容量为 2660GW，占比为 95%。[6]

虽然当前传统清洁能源于清洁能源发电中占比较大，但是鉴于传统清洁能源的局限性，和以 TENG 为代表的新型清洁能源技术近年来的高速发展[7]；在未来，TENG 具有取代传统清洁能源的潜能。

2.1 传统清洁能源发电的局限性

首先，传统清洁能源发电具有较强的地域局限性。以水能发电为例，作为传统清洁能源中装机容量最大的发电方式，其在设计选址时需要考虑地理、水文等多方面的条件。

其次，传统清洁能源发电对环境变化敏感，发电稳定性低。对于风能和光能发电而言，除了选址时需要选择风力大、光照强的地区，不稳定的天气会引起发电过程中输出功率波动。输出功率的波动会对电网产生冲击，危害电网的安全稳定运行[8]。

相比之下，TENG 不存在如上传统清洁能源的局限性。TENG 对工作条件的要求较低，能够于一切存在低频振动的环境中工作。因此，TENG 可以广泛应用于生产生活之中，将原本无用的耗散能转变为电能。

2.2 TENG 发展前景

丁亚飞等[4] 研究了可穿戴式 TENG 发电效率，得出以黑磷、纤维素油酰酯为主要材料的 TENG 收集人体走动过程中能量，峰值功率密度可达 $5500mW/m^2$。人体日常运动过程中可产生 130W 的能量[9]，若运用可穿戴式 TENG 收集其中的 10%，那么每 10 亿人运动时能量收集起来便可达到 13GW。

此外，随着 TENG 的不断发展成熟，蓝色能源①的获取与利用变得可行。据估算，地球上的海浪能总计达到了 90 万亿 kWh[10]；若运用 TENG 合理收集利用，潜能巨大。因此，TENG 具有极大的发展前景。

2.3 小型化 TENG 的优势

传统清洁能源发电的功率密度与发电机体积或面积有紧密的联系；通常而言，发电机体积或面积越大，其发电功率越大。然而，发电功率与发电机体积或面积的变化关系并非线性。即假设发电功率为 P，发电机面积为 S，那么 $P=k\times S^{\alpha}$ 中 $\alpha\neq1$。由此可定义功率密度 $\omega_P=\frac{P}{S}=k\times S^{\alpha-1}$。对于传统清洁能源

① 蓝色能源指以海浪能、潮汐能为代表的海洋能。

发电机，$\alpha>1$，故发电机面积（体积）较小时，发电功率密度小，发电效能低。

以风力发电机为例，其能够将风的动能转化为电能。假设风以匀速 v 垂直刮向风力发电机，距离转轴（r，$r+\mathrm{d}r$）处扇叶受力为：

$$\mathrm{d}F=\frac{\mathrm{d}p}{\mathrm{d}t}=\frac{\mathrm{d}}{\mathrm{d}t}(2\pi r\mathrm{d}r\times v\mathrm{d}t\times\rho\times v)=2\pi r\rho v^2\mathrm{d}r \tag{1}$$

那么力矩为：

$$\mathrm{d}M=\mathrm{d}F\times r=2\pi r^2\rho v^2\mathrm{d}r \tag{2}$$

积分可得总力矩 M：

$$M=\int_0^R 2\pi r^2\rho v^2\mathrm{d}r=\frac{2}{3}\pi\rho v^2R^3 \tag{3}$$

假设风机转速为 ω，发电功率 P 为：

$$P=\eta\times M\times\omega=\frac{2}{3}\eta\pi\rho\omega v^2R^3 \tag{4}$$

$$\because S=\pi R^2$$

$$\therefore P\propto S^{1.5};\ \omega_P\propto S^{0.5} \tag{5}$$

由式（5）可以看出风电机组需要较大的面积才能够保持较高的功率密度，并且风机越小，其发电功率衰减越强。

然而对于 TENG 而言，由于其发电功率仅与接触面积、接触表面材质和微结构相关；在运用相同材料和结构时，其发电功率与接触面积成正比，即 $P=kS$。因此，TENG 的发电功率密度 $\omega_P=k=Const$ 恒定。

一台 1500kW 风机的直径为 77m，其发电功率密度 $\omega_p=322\mathrm{W/m^2}$。由式（5）可计算出在缩小风机面积至 $1\mathrm{cm}^2$ 时，发电功率密度下降至 $\omega_p=0.0472\mathrm{W/m^2}$。而目前 TENG 能够达到的最高峰值功率密度为王中林团队[11]于 2014 年实现的 $2670\mathrm{W/m^2}$；平均功率密度也能够达到 $0.2\sim1\mathrm{W/m^2}$[4]；在尺寸同为 $1\mathrm{cm}^2$ 时，TENG 发电功率密度约为风机的 10 倍。因此，在小型化系统中，TENG 具有更大的功率密度，应用优势显著。

综上所述，由于 TENG 具有发电功率密度恒定的特性，其易于被小型化；并且相较于传统清洁能源发电，TENG 在小体积时能够提供更强的发电功率。因此，小型化 TENG 在小型化电路系统中拥有非常大的应用前景。

3. TENG 当前研究介绍与小型化 TENG 应用展望

3.1　TENG 当前研究介绍

当前关于 TENG 的研究可以总结为以下三个方向：首先是对 TENG 电极材料及表面微结构的研究，其目的在于提升 TENG 的输出性能，提高功率密度。其次是改造 TENG 结构，应用于实际，建成 TENG 发电站。最后是基于 TENG 能够将机械振动转化为电信号的特性，开发新型自驱动器件或自驱动微系统。

自 2012 年 TENG 首次提出以来，对 TENG 电极表面材料和表面微结构的研究一直在进行。通过改变 TNEG 电极材料和微结构，TENG 发电功率密度已由 2012 年的 $3.67mW/m^2$ 提升至 2019 年的 $2670W/m^2$，性能提升了约 72 万倍。[7] 截至目前，有关 TENG 电极材料选取以及性能提升的研究已经趋于成熟，TENG 已具有一定的应用前景；因此，TENG 的另一类研究便是将其运用于实际，建成 TENG 发电阵列。

海洋能源又称“蓝色能源”。不同于传统清洁能源，海洋能源的获取较为困难。这是因为传统基于电磁感应原理的发电机对输入能量的频率稳定性要求较高，而以海浪能、潮汐能为代表的蓝色能源频率较低且不稳定。[12] 虽然这样的工作环境不适用于传统发电机工作，但是符合 TENG 的工作条件；因此，构建 TENG 阵列收集蓝色能源具有可行性，也是当前 TENG 的一大应用方向。

此外，传统的传感器需要在电池的供能下才能工作，这导致电路系统较为复杂、不易小型化。然而，TENG 由于能够高效地将机械能转化为电能，因此 TENG 本身可作为传感器直接使用。TENG 在外界机械作用下，能够将受迫力转化为电信号；因此，TENG 作为有源传感器相较于无源传感器具有更大的优势①。这也是目前 TENG 研究中的一个重要分支。[13-15]

3.2　小型化 TENG 应用展望

3.1 部分中对目前 TENG 的三个研究方向进行了概述，接下来对小型化 TENG 的应用做出展望。

2.3 部分通过将 TENG 与传统清洁能源发电进行了对比，阐述了小型化

---

①　以锂电池为例，其能量密度存在着理论极限。电池所能携带的最大能量直接取决于电池的体积和质量。

TENG 具有的优势。接下来基于小型化 TENG 的优势，提出小型化 TENG 可能的应用前景，并将其与现有技术对比，突出其优良性质。

设备的小型化、轻量化与电路系统的续航存在着根本性矛盾。现有电路系统大都采用电池作为能量来源，而电池的容量与电池的体积和重量存在直接联系[13]。因此，在 TENG 发明前，系统的小型化、轻量化与系统的长续航可谓“鱼和熊掌不可兼得”。随着 TENG 技术的不断发展成熟，这样的矛盾将逐步得到解决。

3. 2. 1　TENG 在鸟类迁徙研究中的应用

在对鸟类迁徙的研究中，安装 GPS 信标是一种准确度较高、应用较广的手段。GPS 信标会间隔一定时间①发送定位信号，使研究人员得知鸟类飞行路线，从而获取鸟类的迁徙规律。[14]

在此场景中，GPS 信标的安装是一次性的，即安装后无法召回进行更换电池。因此，电池的容量直接决定了信标的使用寿命。然而，为了减少对鸟类本身的影响，对信标质量和体积的管控有着严格的规定②。这就导致了电池容量受到了严格的限制，信标的续航能力较弱。[15]

如果将 TENG 运用于鸟类迁徙研究中，则能够根本性地解决以上问题。TENG 大多以高分子合成材料作为基板，并附以具有纳米微结构的金属涂层。③尼龙 66 作为 TENG 基板的主要材料，其密度为 1. 15g/cm^3；因此，通过计算可得④，质量为 5g 的 TENG 能够提供 4mW 稳定的输出功率。配合储能设备，足以使 GPS 信标正常工作。[16]

因此，在对鸟类迁徙的研究中，TENG 供电相较于传统锂电池供电拥有以下优势：首先，只要研究对象具有生理机能，TENG 便能够收集鸟类飞翔中振翅的能量并转化为电能输出，为 GPS 信标电路系统提供源源不断的能量输入，

① 间隔时间根据鸟类迁徙规律的不同，可为几天至几个月。

② 为了减少信标对研究对象的影响，信标的质量需要控制在研究对象体重的 4%以下。

③ TENG 结构可化简为两个能够相互接触摩擦的极板。每个极板又由基板和涂层构成，其中基板由不导电的高分子聚合材料构成，涂层由具有纳米微结构的金属材料构成。由于涂层厚度近似可以忽略，因此 TENG 的主要质量来源于基板的质量，即可认为 TENG 的质量密度等于基板高分子材料的质量密度。

④ TENG 的平均输出功率密度可以达到 1kW/m^3。因此若将尼龙 66 的质量密度近似认为是 TENG 的质量密度；5g 重的 TENG 体积为 4. 4cm^3，因此其平均输出功率可达 4mW。

实现对研究对象全生命周期的监测。其次，在相同的输出功率下，TENG 比锂电池的质量更轻；因此，基于 TENG 供电的信标对鸟类的影响更小。最后，由上述计算可得：5g 的 TENG 能够稳定输出 4mW 的功率，配合储能装置，能够满足 GPS 系统所需要的功率；此外，额外的电能允许研究人员安装如监测鸟类生理状态的传感器，从而使对鸟类本身的研究更加完善。

综上所述，TENG 在鸟类迁徙研究中的应用具有较大的优势和前景。

3.2.2　TENG 在植入式医疗器械中的应用

随着医疗技术和医疗器械的不断发展，植入式医疗器械获得了蓬勃发展并被广泛地应用于治疗中。虽然植入式医疗器械有很多优势，但是其不可避免地会面临能量供给问题。以心脏起搏器为例，其能量供给来源为锂电池，因此其工作寿命有限，一旦电量耗尽，需要通过手术更换电池。这不仅会为患者带来极大的经济负担，手术本身也具有极大的安全风险[17]。因此，为了使植入式医疗器械进一步发展，解决能源供给问题显得尤为重要。

TENG 作为一种能够将机械振动高效转化为电能的装置，在植入式医疗器械中具有极大的应用前景。以心脏起搏器为例，如果运用植入式 TENG 作为其电源，那么，TENG 可以在心脏正常时配合储能设备进行能量储备；在出现紧急情况需要心脏起搏器工作时，储存的能量输出，使心脏起搏器工作。此外，由于 TENG 本身可以作为有源传感器；因此 TENG 在收集心脏跳动能量时，也能够对心脏跳动情况进行监测，帮助医生判断患者状态。

刘卓团队[18] 开发了具有良好生物相容性的接触-分离式 TENG。他们将一块 1.2cm×1.2cm 的 TENG 植入小鼠左胸下皮组织后，测量得峰值输出功率密度为 1.5mW/m^2。经计算，在大鼠呼吸 5 次的过程中 TENG 产生的能量便足够心脏起搏器工作一次[17]。此实验说明了植入式 TENG 已经具有良好的发电性能，且拥有较大的发展空间。因此，TENG 在植入式医疗器械中有良好的发展和应用前景。

4. TENG 目前存在的问题

自 TENG 于 2012 年首次被提出以来，关于 TENG 的研究层出不穷。十年间，研究人员从材料选取、表面微纳结构、电源管理和器件应用等角度进行了改进，获得了输出效能高、稳定性强的 TENG。然而，TENG 研究作为一个新兴的研究领域，不可避免地存在一些问题和局限，有待日后研究改善。

首先，由于 TENG 基于摩擦发电原理，因此具有断路电压高、短路电流小的特点。这与传统用电器低电压、高电流的用电需求相矛盾；因此，即使 TENG 输出功率高，但是如果没有高效的电源管理技术，输出的电能很难被有效的利用。

其次，现有的关于 TENG 的研究大多停留在实验室层面，未能达到量产要求。因而 TENG 真正走进生产生活仍需要更进一步的研究和改进。

5. 结语

TENG 作为一种新兴清洁能源，固然存在着诸多问题有待解决；但是，其卓越的输出性能和小型化优势值得进一步研究探索。随着 TENG 技术的不断成熟，TENG 将会拥有更大的装机容量和更广阔的应用前景。相信在不久的将来，基于 TENG 的设备将广泛出现在人们的生活中，为人类提供便利。

参考文献

1 Fan, F. -R. , Tian, Z. -Q. & Lin Wang, Z. Flexible triboelectric generator. *Nano Energy* **1**, 328 - 334, doi: https: //doi. org/10. 1016/j. nanoen. 2012. 01. 004 (2012) .

2 Wu, C. , Wang, A. C. , Ding, W. , Guo, H. & Wang, Z. L. Triboelectric Nanogenerator: A Foundation of the Energy for the New Era. *Advanced Energy Materials* **9** (2019) .

3 毕晨 *et al.* 摩擦纳米发电机及其应用. *微纳电子技术* **57**, 169-182+222 (2020) .

4 丁亚飞 & 陈翔宇. 基于摩擦纳米发电机的可穿戴能源器件. *物理学报* **69**, 8-27 (2020) .

5 程广贵 *et al.* 基于织构表面的摩擦静电发电机制备及其输出性能研究. *物理学报* **65**, 5-12 (2016) .

6　Agency, I. R. E. (2021).

7　汪朋飞 & 杨平. 摩擦纳米发电机研究可视化图谱分析. *科学技术与工程* **20**, 9716-9723 (2020).

8　何永秀, 关雷, 蔡琪, 刘小丽 & 李成仁. 抽水蓄能电站在电网中的保安功能与效益分析. *电网技术*, 54-57+67 (2004).

9　Wang, Z. L. Towards Self-Powered Nanosystems: From Nanogenerators to Nanopiezotronics. Advanced Functional Materials **18**, 3553-3567, doi: https://doi.org/10.1002/adfm.200800541 (2008).

10　海洋波浪能发电技术——蓝色能源革命. *科学中国人*, 96-97 (2017).

11　Changbao Han, C. Z., Wei Tang, Xiaohui Li & Zhong Lin Wang. High power triboelectric nanogenerator based on printed circuit board (PCB) technology. 722-730 (2015).

12　摩擦纳米发电机: 蓝色能源梦想成真. *润滑与密封* **41**, 13 (2016).

13　杜小振, 张龙波, 于红 & 曾庆良. 自供能传感器能量采集技术的研究现状. *微纳电子技术* **55**, 265-275+283 (2018).

14　王中林. 纳米发电机作为可持续性电源与有源传感器的商业化应用. *中国科学: 化学* **43**, 759-762 (2013).

15　贾沛宇. 摩擦纳米发电机的结构与原理分析. *南方农机* **48**, 42 (2017).

16　伍和启, 杨晓君 & 杨君兴. 卫星跟踪技术在候鸟迁徙研究中的应用. *动物学研究*, 346-352 (2008).

17　摩擦纳米发电机利用呼吸产生的电能驱动心脏起搏器. *机械* **41**, 17 (2014).

18　刘卓 et al. 基于摩擦纳米发电机的自驱动植入式电子医疗器件的研究. *中国科学: 技术科学* **47**, 1075-1080 (2017).

代表性案例 3

我国高空风能发电的前景分析与规划*

【逻辑关系】理出句子之间的内在逻辑，对顺序进行合理调整。

摘要： 高空风能发电技术应用被纳入了我国能源发展计划之中，是实现2030年减排目标的重要途径。高空风能具有能量密度大、分布广泛、稳定性好等一系列独特的优势，我国利用高空风能的优势尤其突出。国内外在千米以下高空风能的利用上已取得较大的进展，千米以上的高空风能发电仍处于构想阶段。我国自主研发的伞梯组合风能发电技术处于世界领先地位。当前千米以下高空风电的难点主要在于小规模技术优化与产业化，千米以上高空风电需等待材料科学和控制技术的突破。要进一步发展高空风电，我国应进一步提高高空风电技术的战略高度，重视国际合作和自主研发，建立更多示范项目。

关键词： 高空风力发电；伞梯组合；新能源

1. 研究背景

目前，全球能源需求量仍在不断上升，而为了缓解气候变化，碳减排的任务也迫在眉睫，人类不得不探索新的能源种类和获取方式以应对多方面的挑战，对清洁能源和非常规能源的研究成为了能源结构改革的重点。在清洁能源中，风能具有总量大，污染小等特点，已经具备了大规模供电的能力，是一种被广泛看好的解决方案。然而，传统的低空风能发电长期存在一些问题，如发电量不稳定，对地面活动影响大等，这促使一些研究者把视线转向尚未开发的高空风能。实际上，早在20世纪70年代，有些人已经认识到高空风能的独特优势，一系列的采集方案和相关技术应运而生(1)。随着技术的升级和资本的介入，高空风能的大规模开发已不再遥远，2015年左右全球开启了高空风能的商用化市场(2)。至此，高空风电呈现出更广阔的发展空间。

---

* 含教师修改过程的学生初稿。

学界对于高空风能并没有统一的定义，尤其是高空的下界定义为300~3000米。本文中讨论的高空风能泛指不可使用塔架结构发电，高度在百米以上的风能资源。为了便于后文的讨论，作者将此处的高空粗略地划分为低高空（千米以下）和中高空（数千米至上万米），其中已经实际开始利用的是低高空的风能资源，中高空的风能资源具有更高的利用价值，但是受技术和其他条件的限制还难以利用，暂时处于构想阶段。

我国高度重视能源体系的改革，高空风能作为一种非常规能源也被纳入发展计划之中。根据国家发展和改革委员会、国家能源局下发的《能源技术革命创新行动计划（2016-2030年）》和《能源技术革命重点创新行动路线图》，高空风能相关技术的发展已经被提上日程并明确了发展线路。具体而言，我国未来要研究适用于200~300m的风电系统成套技术，进行大型高空风电机组关键技术的研究，研发百米级的风电叶片，实现200~300m高空风电的推广应用[3]。文中计划到2020年形成200~300m高空风电成套技术，于2030年得到实际应用并推广[3]。距测算，若按照规划在2030年应用1000套100MW级的高空风电设备，年发电量可达6000亿kWh，可节省2亿t燃煤，减少5亿t碳排放，产值可达8000亿元，能够迅速推进我国可再生能源的发展和减排目标的实现[4]。因此，现在探讨我国高空风电的发展前景和具体规划有较高的必要性和价值。

2. 高空风能的优势

2.1　风能的优势

风能总量大。有研究表明，若陆地上适合建造的区域都建造2.5MW风力发电机并投入较完善的风电网络（除去海上风能），即使实际功率只有额定功率的20%，发电量也能达到全球用电总量的40倍和全球能源消耗总量的5倍[5]。

【数据表达】最好有具体年份或功率数据，因为用电量是不断变化的。

风电的环境影响小。风能开发的过程中不产生二氧化碳、空气污染物和废料，风电的生命周期碳排放是最低的，通常不高于10g/kWh，远低于水电、核电等常见清洁能源[5]。

风电的经济成本低。总体而言，风电的售价略低于传统电价[6]，而风本身是无成本的，随着技术的发展其成本优势会愈发显著。

2.2 高空风能的独特优势

相比于传统的低空风能，高空风能具有风速大（功率密度大），储量大，分布广泛，年利用小时数高，经济性好，受地表环境影响小，占地面积小，几乎无噪音污染等一系列独特的优势[7]。

随着与地面距离的增加和表面摩擦的减少，风速会逐渐增大[8]，因此高空的风速往往是近地面的数倍，尤其是距地面4~10km处的大气对流层的风速超过100km/h[8]。根据风功率密度的理论公式：

$$D=\frac{1}{2}\rho v^3$$

其中，D为功率密度，ρ为空气密度，v为风速，风速的提升能极大地提高功率密度。距测定，中高空的风能密度往往是地表风能密度的几十倍甚至数百倍，在6km以上高空普遍可达10kW/m^{2}以上[7]。

高空风能储量极大，高空气象学家克里斯蒂娜等人计算表明只要在万米高空收集1%的风能，就能够满足全人类的能源需求[1]。

南北纬30度附近的高空风能密度相当大，风向、风速稳定性好，适合高空风力发电[9]。恰好该纬度附近聚集了大量的城市，有极其庞大的用电需求，可以采取就地消耗的方式节省电力运输的设备和运行成本。

高空风能的理论发电时间可超95%，年发电时间可达6500h[3]，产出较传统低空风能更稳定可靠。

高空风能的经济性比传统风能更好。由于高空风电相关的设备比传统风电设备小巧灵活，其造价远低于传统风机。若高空风电得到广泛的应用，可使风电的价格从当前的每千瓦·时约10美分降至2美分左右[8]。

除此以外，由于高空风电不采用塔架结构，其受地表环境影响小，占地面积小，几乎无噪音污染的特点是不言自明的，这可以极大地方便土地规划并使这种非常规能源更易被大众接受。

尤其值得注意的是，我国的自然地理特点将在很大程度上放大高空风能的优势。一方面，2010年第二届国际高空风能会议中指出，我国是公认的风能储备丰富的国家之一，也是最适合开发高空风能的国家之一[7]。其中，美国权威气候监测数据显示亚洲东海岸是全球高空风电条件最好的地区之一，江、浙、鲁地区上空高空急流的功率密度甚至能达到30kW/m^2，为世界之最[3]。

这恰好是我国人口稠密的地区，电力消耗量较大，高空风电可以极大地缓解当地用电紧张。

表 1　北京、青岛上空风速与能量密度[2]

	风速（m/s）			能量密度（W/m²）		
	100 米	700 米	10000 米	100 米	700 米	10000 米
北京	4.1	7.3	34.5	78	430	16275
青岛	5.5	7.5	40.8	194	470	22584

另一方面，我国有大片的高海拔区域，容易利用高空风能但常规电力运输不稳定、成本昂贵，而一些高空风电的技术（如利用飞艇在空中发电）可以不投入电网运行[7]，能够以较低的成本满足偏远地区的电力需求。因此，我国发展高空风电的优势较其他国家更突出。

【逻辑条理】建议对语序进行适当修改，以使其更有逻辑。

图 1　为偏僻地区供电的高空风力发电机[10]

3. 高空风电发展现状

3.1　现有技术和解决方案

当前采集高空风能的方案主要有两种。第一种是将发电设备置于高空，再将获得的电能经由电缆运输至地面；第二种是将发电设备置于地面，在空中放飞一个类似于风筝或伞的装置将风能转化为机械能，再通过地面的发电站转化为电能[11]。这两种方案的实现在国内外均有实例，呈现出不同的优势，也暴露出不同的问题。

第一种方案通常是用大型的氦气球或飞艇将发电机升上高空，通过涡轮或多组叶轮转动发电[7]。在空中设置发电机的最大优点是能够不接入电网，可以直接在当地使用，适合为偏僻的地区供电，大幅降低居民用电成本。然而，发电机的自重和体积较大，进而要求更大的氦气球，这不仅限制了发电设备的规模，还使得系统更易受到环境影响，稳定性和安全性不足。因此，在控制技术尚未完善的情况下，这种方案在近期难以投入大规模应用。

图 2　气球飞艇发电机[7]

第二种方案是当前商业化的主流，在国内发展较迅速。这种方案还可细分为两种实现方式，其空中系统和地面系统均有所不同。一种是直接模拟风筝的运行，借助风力将收风装置升至高空，在风力的作用下通过强劲的绳索拖动地面的发电装置运动，从而在循环往复的运动过程中发电[7]。为了使收风功率最大化，该装置需要设计一条最优的运动轨迹和收风装置的最佳姿态，而这需要大量实验数据的支撑，尤其是动态情况下的模拟。

另一种的空中系统包括一个或多个伞翼（可能结合风筝），地面系统由发电机、滚筒、万向滑轮、反向转动电机等部件组成[7]。这种方式的最大特点是其工作过程包括牵引阶段（发电阶段）和收翼阶段（电动阶段）。伞翼上升到一定的高度后，先由控制系统打开伞体，在风力的推动下继续上升，通过轻质高强度缆绳带动滚筒转动。此时反向电机关闭，滚筒带动发电机转子转动，即为牵引阶段（发电阶段）。上升到一定高度后，控制系统闭合伞体，风阻力大幅减小，反向电机启动，滚筒高速反转带动伞翼下降至初始高度，即为收翼阶段（电动阶段）(7)。这一过程反复进行，由于牵引过程的发电量远大于收翼过程的耗电量，该装置有较高的发电效率。

图3　置于地面的风筝发电机(7)

图4　置于地面的伞翼发电机(7)

3.2　国内外高空风电项目（含未实现）简析

【文章结构】建议列表使数据呈现更直观。例子数量较多，描述时如能做简单分类或选择两三个有代表性的会更好。

（1）澳大利亚 Sky windpower 公司和美国 Joby Energy 公司研发的转子发电机组（未实现）：工作高度 5000~10000 米，澳大利亚公司计划 4 个装置联动，发电功率约 20MW，美国公司设计的机组翼展达 200 米，高度 60 米，发电功率约 100MW，计划近期投入生产(1)。由于该设备面向中高空风电，对电缆强度和稳定性的要求非同寻常，如何降低装置自重也是棘手的难题，这个项目能否实现仍旧存疑。

（2）Google X 实验室的风筝发电机：不同于前文的风筝发电机，该设备的风筝旋翼起到发电机的作用，属于发电设备置于高空的方案。工作高度 240~600 米，当前每个风筝发电功率约为 30kW[12]。

（3）纽约曼哈顿地区的高空风力发电站：由 2~4 台飞艇型高空风力发电机组成，采用涡轮发电，能够自动转向，提供自身动力[10]。该项目无须电网支持，有在偏僻地区应用的潜力。

（4）加拿大 Magenn 公司的氦-氢传动气球：气球长几米至几十米，工作高度为 300 米左右。当前应用的设备发电功率约 100kW，最高可达到 1MW[1]。

（5）苏格兰南部斯特兰拉尔郡附近的风筝发电站：风筝翼展约 40 米，工作高度不高于 450 米。风筝沿“8”字轨迹运动，与地面的涡轮机相连。电站由两个风筝组成，每个风筝可产生 200~300kW 的电力[11]。

（6）美国 Makani 公司和意大利 Kite Gen 公司共同研发的风帆：属于置于地面的伞翼发电机，工作高度 800~1200 米。发电阶段约 140 秒，电动阶段约 20~30 秒。风帆采用碳复合材料，线缆轻巧，单个设备发电功率 3MW。Kite Gen 计划构建几十个风帆组成的发电网络，总发电功率可达 100MW 级[1]。

（7）我国广东高空风能公司的伞梯组合型高空风电系统（实例：安徽省绩溪县高空风电项目）：采用具有完全自主知识产权的伞梯组合高空风电技术，该技术面向 300 米到 10000 米的高空。绩溪县已开始运行的高空风电项目工作高度为 132~488 米，发电机组功率为 5MW，第一期装机容量 10MW，年发电量约 4700 万 kWh，产出的电力并入华东地区电网[13]。目前公司正在研发发电功率达 50MW 的机组，将成为全球首台大功率实用性高空风电系统。该项目发电情况良好，具有在台风或暴风雨情况下正常运转的能力，稳定性和技术成熟度达到全球领先水平[11]。

总体而言，现阶段实现的高空风电项目都聚焦于千米以下的低高空，在这方面我国已经走在世界前列。对于中高空风能的开发国内外的相关公司都在探索，但距离实际应用和产业化还有很长的路要走。

表 2 现有风电技术比较[4]

易陈谊
【格式规范】表格风格如能统一会更好。

	国内风塔风力发电技术	国外高空风力发电技术	伞梯组合高空风能发电技术发电技术
风电场建设地址	受地域限制的程度高	受地域限制的程度低	受地域限制的程度低
风电场占地面积	大	小	小
风电场建设周期/年	3~5	0.5~3	0.5~3
每千瓦建设成本/元 · kW	7 000~20 000	低于 7 000	低于 6 000
发电成本	0.6~0.7 元/kWh	8 美分/kWh	低至 0.5 元/kWh
发电功率可变性	只能向下、不能向上可变	双向可变	双向可变
容量系数	低于 30%	可达 95%以上	可达 95%以上
最大机组容量	5MW	百 kW 级	500MW
电力输出稳定性	很低	较低	高
系统结构与控制	简单	复杂	简单

4. 高空风电面临的难题与发展方向

4.1 低高空风电技术与产业化问题

虽然低高空风电技术的发展已经取得了阶段性成果，我们面临的挑战仍然是多元而严峻的。其中最主要的有空域协调问题，风电消纳问题，控制技术问题，安全与环境保护问题，商业化问题。

高空风电系统都是动态系统，需要较大范围的空域以保障安全。对我国而言，空域的制约作用尤为明显。我国高空风能最丰富，电力需求量最大的地区集中在东部沿海，而这恰巧是军用空域占比很高的区域，可利用的空域面积较少。因此，当前我国的高空风电项目需要经过相关部门的详细规划和严格审批，过程烦琐，大规模推行有难度。

对于发电机置于地面的高空风电方案，产生的电能必须接入电网才能发挥最大的价值。实际上，由于电网与风电项目的建设不同步，风电的上网和消纳问题一直存在，以 2015 年上半年为例，弃风现象（一部分风能未转化为可用的电能）严重。随着输电距离的增加，这种问题在高空风电上只会更加突出。

表 3　2015 年上半年蒙西、甘肃、新疆的弃风情况[2]

	蒙西	甘肃	新疆
弃风量（亿千瓦时）	33	31	29.7
弃风率（%）	20	31	28.82

高空风电系统的控制技术是一大关键难题，低高空风电项目在这方面仍然有待完善。为了达到最高的效率，系统必须根据环境参数调整设备的姿态和运动状态，还需要在某些情况下暂停发电过程（如出现设备问题或极端天气）。其中，置于地面的风筝发电机对轨迹控制的要求更高，有待进一步的技术创新。

安全与环境保护是民众对这类项目的重要关注点。置于高空的设备和线缆本身就是一种极大的安全隐患，要通过技术的保障和应急方案的制定予以解决。此外，传统风电对鸟类造成的伤害一直引人注目，高空风电在这方面的风险更大，需要强有力的对策。

高空风电项目的商业化有不小的阻力。一个项目的实施涉及空域协调，土地规划，接入电网，融资等多个复杂的环节，必须与许多部门合作，审批环节多，立项难度大。当前高空风电设备昂贵，电力成本与火电售价相当，在成本方面劣势明显[4]。如高空气象学家克里斯蒂娜所说："商业开发在今后 10 年内恐怕难以实现。"[1]，高空风电项目难以脱离政府的大力扶持。

【数据表达】最好有具体时间。
【语言表达】读起来有点拗口。

4.2　中高空风电技术难题

与低高空相比，中高空风电系统的连接部分更长，所在大气层环境更恶劣，不确定因素更多，这对缆绳材料和控制技术提出了极端严苛的要求。

按当前技术，直径 15 厘米的可靠的万米电缆重达 200t[1]，加上发电装置的自重，系统的质量已远远超出可承受范围。更何况，中高空风速极高，平均风速可达 250km/h，极端天气更为频繁，极端风速可达 500km/h，这对缆绳强度的要求是难以想象的，需要材料科学的助力。而面对极其恶劣的中高空气象条件，控制技术也必须经过反复的优化与可靠性验证。仅仅是发电过程就涉及到风向风力监测，姿态调整等一系列高难度的任务，当前技术还远未达到要求。

4.3 技术发展方向

低高空风电技术已经初具规模，未来的发展方向可能集中于小范围的技术优化和成本降低。比如缆绳的控制可以与大数据相结合，实时更新各高度的风力参数，甚至动态追踪鸟类的运动，通过更好的算法尽可能减少发电过程带来的不利影响。目前低高空风电项目仍处于商业示范阶段，其设备成本和配套设施的开销十分巨大，将来可以推进产业化以控制总成本，提高项目在市场上的竞争力。

中高空风电技术有两个主要的瓶颈，即材料问题和控制技术问题。材料的创新难以短时间达成，需要长期有规划的投入。中高空风电的控制技术与航天的控制技术有一定的相似性，可以期待航天领域的相关技术下沉至中高空风电，催生出更稳定的控制系统，可控地利用千米以上的巨量风能。

5. 结论

我国高空风能发电发展前景总体乐观。我国高空风能资源丰富，主要集中在人口稠密，用电量大的区域，具有开发高空风电的自然优势。目前我国自主研发的伞梯组合型高空风电技术已经占领了该领域的高地，进一步的技术创新值得期待。低高空风电的发展势头迅猛，商业化进展相对顺利；中高空风电虽然存在上述的一系列技术和非技术难题，但并非遥不可及，随着技术的发展和政府的扶持，在不久的将来中高空风电会进入更多人的视野，发挥出不可估量的价值。

我国近期的高空风电发展需注意三点：其一，要进一步提高高空风电技术的战略高度。当前高空风电项目的实施要面临诸多资金，空间等方面的挑战，需要复杂的审批流程，只有政府提供充分的经济、政策支持才能帮助相关企业渡过难关，提升企业进行研发、尝试的积极性。

其二，要坚持国际合作和自主研发齐头并进。国外许多高空风电公司研发出各自的技术，有各自的优势，可以寻求一定程度上的技术共享与合作。然而，核心技术应该坚持自主研发。以 Google，Kite Gen，Altaeros 为首的国外公司拥有雄厚的资金，人脉和技术力量，目前我国掌握的技术大约只领先 2.5 年[4]，迫切需要更进一步的技术创新。因此，我国应组织强大的研究团队攻克材料和控制技术等方面的难关，争取抢占下一个制高点。

其三，要推动更多示范项目的建立。发电机置于地面，所得电力投入电网的方案（包括伞梯组合方案）可以在安徽绩溪县现有项目的基础上扩展至我国东部沿海地区或空域资源相对不太紧张的东部非沿海地区，向华南，华东，华北电网提供急需的电力。发电机置于空中，所得电力就地使用的方案可以在青藏高原，云贵高原等高海拔的偏远地区试点，为当地居民提供廉价、稳定的电力。示范项目中出现的问题可以反向激励技术的发展，同时推进产业化的进程。

参考文献

1. 吴沅，待开垦的风能"处女地"——万米高空．*自然与科技*，14－16（2010）．

2. 刘杨．(中国证券报)，pp. A09.

3. 刘星，高空风电"舞"起来．*电气技术*，3（2017）．

4. 俞增盛，吴俊，高空风力发电技术与产业前景综述．*上海节能*，379－382（2017）．

5. P. T. Wetzel, Energy for a Sustainable World－From the Oil Age to a Sun－Powered Future. By Dr. Nicola Armaroli and Prof. Vincenzo Balzani. *Energy Technology* **2**,（2014）．

6. European Wind Energy Association. *www.wind－energy－the－facts.org/*，（2009）．

7. 杨燕，亢碧成，几种中高空风能发电技术可行性研究．*电子世界*，107（2018）．

8. 张梦然，高空风能为人所用．*今日科苑*，43－44（2011）．

9. 潘再平，一种利用高空风能进行发电的新方法．*太阳能学报*，3－5（1999）．

10. 徐娜，纽约将在高空设置风力发电机．*现代物理知识* **21**，59-60（2009）．

11. 张栋钧．（中国电力报），pp. 007.

12. Google X 实验室推进新项目：高空风能发电．*上海节能*，51（2013）．

13. 国内首家高空风能发电项目在绩溪县开工．*电气技术* 19，2（2018）．

评语：文章立意新颖，内容充实，条理清楚。部分地方语言表达可以进一步完善，有些数据结合图表呈现会更直观。相信进一步修改之后，可以成为一篇优秀的文章。

学生的修改陈述信

易陈谊老师：

您好！我是未央书院的童彦杰。首先感谢您在本文的写作和修改过程中提出的宝贵建议。本文的主题原定为我国高空风能发电的前景分析与未来规划，但为了便于读者理解，正文用了较大篇幅介绍高空风能的属性和高空风电技术的发展情况，这使得标题与正文的内容存在一定的偏差。因此，本文最终的标题突出了优势和现状，与正文的联系更为密切。在初稿的基础上修改的内容主要为摘要的逻辑关系、少数语句的表达方式、数据的具体性、表格风格的统一性等，其中最有成就感的是摘要和表格的修改。本文修改之前的摘要只注重信息的传达，没有考虑语句之间的逻辑关系，可能给读者造成理解上的困难。初稿中的一张表格是直接从文献中复制而来，为了与自己绘制的表格风格统一，修改时重新绘制了表格，只摘取了对论述最重要的数据。这些修改大幅提升了文章的可读性。在写作过程中，最具挑战性的部分当属专业性和创新性的平衡。由于我起初对高空风能了解甚少，本文不得不以文献中查阅到的专业内容为主体，在此基础上提出自己的思考。文末提出的三条建议和文中多处小结性质的语句代表了本文的创新性，大体上解决了专业性和创新性平衡的问题。当然，本文还有许多不足之处，如部分数据未找到最新版本、对高空风电产业的解读不够准确等，需要今后更多的专业知识才能加以改进。总体而言，本文对于普通读者和专业领域从业人员都有一定的参考价值。再次感谢老师一个学期的付出，祝年末一切顺利！

童彦杰

2020/12/27

我国高空风能发电发展的优势、现状与未来规划*

摘要：高空风能具有能量密度大、分布广泛、稳定性好等一系列独特的优势，我国利用高空风能的优势尤其突出，因此高空风能发电技术的应用被纳入我国能源发展计划之中，是实现2030年减排目标的重要途径。国内外在千米以下高空风能的利用上已取得了较大的进展，其中我国自主研发的伞梯组合风能发电技术处于世界领先地位，但小规模技术优化与产业化还任重道远。千米以上的高空风能发电仍处于构想阶段，需等待材料科学和控制技术的突破。要进一步发展高空风电，我国应进一步提高高空风电技术的战略高度，重视国际合作和自主研发，建立更多示范项目。

关键词：高空风力发电；伞梯组合；新能源

1. 研究背景

目前，全球能源需求量仍在不断上升，为了缓解气候变化，碳减排的任务也迫在眉睫，人类不得不探索新的能源种类和获取方式以应对多方面的挑战，对清洁能源和非常规能源的研究成为能源结构改革的重点。在清洁能源中，风能具有总量大、污染小等特点，已经具备大规模供电的能力，是一种被广泛看好的解决方案。然而，传统的低空风能发电长期存在一些问题，如发电量不稳定、对地面活动影响大等，这促使一些研究者把视线转向尚未开发的高空风能。实际上，早在20世纪70年代，有些人已经认识到高空风能的独特优势，一系列的采集方案和相关技术应运而生[1]。随着技术的升级和资本的介入，高空风能的大规模开发已不再遥远，2015年左右全球开启了高空风能的商用化市场[2]。至此，高空风电呈现出更广阔的发展空间。

学术界对于高空风能并没有统一的定义，尤其是对高空的下界定义为300~3000米。本文讨论的高空风能泛指不可使用塔架结构发电，高度在百米

* 学生终稿。

以上的风能资源。为了便于后文的讨论，笔者将此处的高空粗略地划分为低高空（千米以下）和中高空（数千米至上万米），其中已经实际开始利用的是低高空的风能资源，中高空的风能资源具有更高的利用价值，但是受技术和其他条件的限制还难以利用，暂时处于构想阶段。

我国高度重视能源体制的改革，高空风能作为一种非常规能源也被纳入发展计划中。根据国家发展和改革委员会、国家能源局下发的《能源技术革命创新行动计划（2016-2030年）》和《能源技术革命重点创新行动路线图》，高空风能相关技术的发展已经被提上日程并明确了发展线路。具体而言，我国要研究适用于200~300m的风电系统成套技术，进行大型高空风电机组关键技术的研究，研发百米级的风电叶片，实现200~300m高空风电的推广应用[3]。计划到2020年形成200~300m高空风电成套技术，于2030年得到实际应用并推广[3]。距测算，若按照规划在2030年应用1000套100MW级的高空风电设备，年发电量可达6000亿kWh，可节省2亿吨燃煤，减少5亿吨碳排放，产值可达8000亿元，能够迅速推进我国可再生能源的发展和减排目标的实现[4]。因此，现在探讨我国高空风电的发展前景和具体规划有较高的必要性和价值。

2. 高空风能的优势

2.1 风能的优势

（1）风能总量大。2014年的一项研究表明，若陆地上适合建造的区域都建造2.5MW风力发电机并投入较完善的风电网络（除去海上风能），即使实际功率只有额定功率的20%，发电量也能达到全球用电总量的40倍和全球能源消耗总量的5倍[5]。

（2）风电的环境影响小。风能开发的过程中不产生二氧化碳、空气污染物和废料，风电的生命周期碳排放是最低的，通常不高于10g/kWh，远低于水电、核电等常见清洁能源[5]。

（3）风电的经济成本低。总体而言，风电的售价略低于传统电价[6]，而风本身是无成本的，随着技术的发展其成本优势会愈发显著。

2.2 高空风能的独特优势

相比于传统的低空风能，高空风能具有风速大（功率密度大）、储量大、分布广泛、年利用小时数高、经济性好、受地表环境影响小、占地面积小、几乎无噪声污染等一系列独特的优势[7]。

随着与地面距离的增加和表面摩擦的减少，风速会逐渐增大[8]，因此高空的风速往往是近地面的数倍，尤其是距地面 4~10km 处的大气对流层的风速超过 100km/h[8]。根据风功率密度的理论公式：

$$D=\frac{1}{2}\rho v^3$$

其中，D 为功率密度，ρ 为空气密度，v 为风速，风速的提升能极大地提高功率密度。距测定，中高空的风能密度往往是地表风能密度的几十倍甚至数百倍，在 6km 以上高空普遍可达 10kW/m^2 以上[7]。

高空风能储量极大，高空气象学家克里斯蒂娜等计算表明，只要在万米高空收集 1%的风能，就能够满足人类的能源需求[1]。

南北纬 30 度附近的高空风能密度相当大，风向、风速稳定性好，适合高空风力发电[9]。恰好该纬度附近聚集了大量的城市，有极其庞大的用电需求，可以采取就地消耗的方式节省电力运输的设备和运行成本。

高空风能的理论发电时间可超 95%，年发电时间可达 6500h[3]，产出较传统低空风能更稳定、可靠。

高空风能的经济性比传统风能更好。由于高空风电相关的设备比传统风电设备小巧灵活，其造价远低于传统风机。若高空风电得到广泛的应用，可使风电的价格从当前的约 10 美分/kWh 降至 2 美分/kWh 左右[8]。

除此以外，由于高空风电不采用塔架结构，其受地表环境影响小、占地面积小、几乎无噪声污染的特点是不言自明的，这可以极大地方便土地规划并使这种非常规能源更易被大众接受。

尤其值得注意的是，我国的自然地理特点将在很大程度上放大高空风能的优势。一方面，2010 年第二届国际高空风能会议中指出，我国是公认的风能储备丰富的国家之一，也是最适合开发高空风能的国家之一[7]。其中，美国权威气候监测数据显示亚洲东海岸是全球高空风电条件最好的地区之一[10]，江、浙、鲁地区上空高空急流的功率密度甚至能达到 30kW/m^2，为世界之最[3]。这恰好是我国人口稠密的地区，电力消耗量极大，高空风电可以极大地缓解当地用电紧张。北京、青岛上空风速与能量密度如表 1 所示。

表1　北京、青岛上空风速与能量密度[2]

地区	高度（m）	风速（m/s）	能量密度（W/m^2）
北京	100	4.1	78
	700	7.3	430
	10000	34.5	16275
青岛	100	5.5	194
	700	7.5	470
	10000	40.8	22584

资料来源：欧阳春香，刘杨．光伏企业跑马圈地涌向扩张产能“一条路”［N］．中国证券报，2022-06-07（09）．

另一方面，我国有大片的高海拔区域，常规电力运输不稳定、成本昂贵，但容易利用高空风能。一些高空风电的技术（如利用飞艇在空中发电）可以不投入电网运行[7]，能够以较低的成本满足偏远地区的电力需求（见图1）。因此，我国发展高空风电的优势较其他国家更突出。

图1　为偏僻地区供电的高空风力发电机

资料来源：国内首家高空风能发电项目在绩溪县开工［J］．电气技术，2018（19）：2.

3. 高空风电发展现状

3.1　现有技术和解决方案

当前采集高空风能的方案主要有两种：第一种是将发电设备置于高空，再

将获得的电能经由电缆运输至地面；第二种是将发电设备置于地面，在空中放飞一个类似于风筝或伞的装置将风能转化为机械能，再通过地面的发电站转化为电能[11]。这两种方案的实现在国内外均有实例，呈现出不同的优势，也暴露出不同的问题。

第一种方案通常是用大型的氦气球或飞艇将发电机升上高空，通过涡轮或多组叶轮转动发电（见图2）[7]。在空中设置发电机的最大优点是能够不接入电网，可以直接在当地使用，适合为偏僻的地区供电，大幅降低居民用电成本。然而，发电机的自重和体积较大，进而要求更大的氦气球，这不仅限制了发电设备的规模，还使系统更易受到环境影响，稳定性和安全性不足。因此，在控制技术尚未完善的情况下，这种方案在近期难以大规模应用。

图2　气球飞艇发电机

资料来源：杨燕，亢碧成．几种中高空风能发电技术可行性研究［J］．电子世界，2018(18)：107.

第二种方案是当前商业化的主流，在国内发展较迅速。这种方案还可细分为两种实现方式，其空中系统和地面系统均有所不同。一种是直接模拟风筝的运行，借助风力将收风装置升至高空，在风力的作用下通过强劲的绳索拖动地面的发电装置运动，从而在循环往复的运动过程中发电（见图3）[7]。为了使收风功率最大化，该装置需要设计一条最优的运动轨迹和收风装置的最佳姿态，而这需要大量实验数据的支撑，尤其是动态情况下的模拟。

图 3　置于地面的风筝发电机

资料来源：杨燕，亢碧成．几种中高空风能发电技术可行性研究［J］．电子世界，2018（18）：107.

另一种是空中系统包括一个或多个伞翼（可能结合风筝），地面系统由发电机、滚筒、万向滑轮、反向转动电机等部件组成[7]。这种方式的最大特点是其工作过程包括牵引阶段（发电阶段）和收翼阶段（电动阶段）。伞翼上升到一定的高度后，先由控制系统打开伞体，在风力的推动下继续上升，通过轻质高强度缆绳带动滚筒转动。此时反向电机关闭，滚筒带动发电机转子转动，即为牵引阶段（发电阶段）。上升到一定高度后，控制系统闭合伞体，风阻力大幅减小，反向电机启动，滚筒高速反转带动伞翼下降至初始高度，即为收翼阶段（电动阶段）（见图 4）[7]。这一过程反复进行，由于牵引过程的发电量远大于收翼过程的耗电量，该装置有较高的发电效率。

图 4　置于地面的伞翼发电机

资料来源：杨燕，亢碧成．几种中高空风能发电技术可行性研究［J］．电子世界，2018（18）：107.

3.2 国内外高空风电项目（含未实现）简析

（1）发电机置于空中的方案。如加拿大 Magenn 公司的氦-氢气球发电机，气球长几米至几十米，工作高度 300 米左右。当前应用的设备发电功率约 100kW，最高可达到 1MW[1]。该项目无须电网支持，有在偏僻地区应用的潜力。

（2）置于地面的风筝发电方案。如苏格兰南部斯特兰拉尔郡附近的风筝发电站，风筝翼展约 40 米，工作高度不高于 450 米。风筝沿“8”字轨迹运动，与地面的涡轮机相连。电站由两个风筝组成，每个风筝可产生 200~300kW 的电力[11]。

（3）置于地面的伞翼发电方案。如美国 Makani 公司和意大利 Kite Gen 公司共同研发的风帆，工作高度 800 米到 1200 米。发电阶段约 140 秒，电动阶段约 20~30 秒。风帆采用碳复合材料，线缆轻巧，单个设备发电功率 3MW。Kite Gen 计划构建几十个风帆组成的发电网络，总发电功率可达 100MW[12]。

（4）伞梯组合发电方案。我国广东高空风能公司的伞梯组合型高空风电技术（如安徽省绩溪县高空风电项目），具有完全的自主知识产权，该技术面向 300~10000 米的高空。绩溪县已开始运行的高空风电项目工作高度为 132~488 米，发电机组功率为 5MW，第一期装机容量 10MW，年发电量约 4700 万 kWh，产出的电力并入华东地区电网[13]。目前，广东高空风能公司正在研发发电功率达 50MW 的机组，将成为全球首台大功率实用性高空风电系统。该项目发电情况良好，具有在台风或暴风雨情况下正常运转的能力，稳定性和技术成熟度达到全球领先水平[11]。

（5）中高空风力发电尝试：如澳大利亚 Sky windpower 公司和美国 Joby Energy 公司研发的转子发电机组（未实现），工作高度 5000 米到 10000 米。澳大利亚公司计划 4 个装置联动，发电功率约 20MW；美国公司设计的机组翼展达 200 米，高度 60 米，发电功率约 100MW[1]。

总体而言，现阶段实现的高空风电项目都聚焦于千米以下的低高空，在这方面我国已经走在世界前列。对于中高空风能的开发国内外的相关公司都在探索，但距离实际应用和产业化还有很长的路要走。如表 2 所示。

表 2 现有风电技术比较[4]

	国内风塔风力发电技术	国外高空风力发电技术	伞梯组合高空风能发电技术
风电场建设受地域限制程度	高	低	低
风电场占地面积	大	小	小
风电场建设周期（年）	3~5	0.5~3	0.5~3
建设成本（元/kW）	7000~20000	<7000	<6000
发电成本	0.6~0.7 元/千瓦·时	8 美分/千瓦·时	0.5 元/千瓦·时
最大机组容量	5MW	百 kW 级	500MW
电力输出稳定性	很低	较低	高
系统结构与控制	简单	复杂	简单

资料来源：俞增盛，吴俊．高空风力发电技术与产业前景综述［J］．上海节能，2017（7）：379-382.

4. 高空风电面临的难题与发展方向

4.1 低高空风电技术与产业化问题

虽然低高空风电技术的发展已经取得了阶段性成果，我们面临的挑战仍然是多元而严峻的。其中最主要的有空域协调问题、风电消纳问题、控制技术问题、安全与环境保护问题、商业化问题。

高空风电系统都是动态系统，需要较大范围的空域以保障安全。对于我国而言，空域的制约作用尤为明显。我国高空风能最丰富、电力需求量最大的地区集中在东部沿海，而这恰巧是军用空域占比很高的区域，可利用的空域面积较少。因此，当前我国的高空风电项目需要经过相关部门的详细规划和严格审批，过程烦琐，大规模推行有难度。

对于发电机置于地面的高空风电方案，产生的电能必须接入电网才能发挥最大的价值。实际上，由于电网与风电项目的建设不同步，风电的上网和消纳问题一直存在，以 2015 年上半年为例，弃风现象（一部分风能未转化为可用的电能）严重（见表 3）。随着输电距离的增加，这种问题在高空风电方面只会更加突出。

表3　2015年上半年内蒙古西部、甘肃、新疆的弃风情况

	内蒙古西部	甘肃	新疆
弃风量（亿千瓦·时）	33	31	29.7
弃风率（%）	20	31	28.82

资料来源：欧阳春香，刘杨．光伏企业跑马圈地涌向扩张产能“一条路”［N］．中国证券报，2022-06-07（09）．

高空风电系统的控制技术是一大关键难题，低高空风电项目在这方面仍然有待完善。为了达到最高的效率，系统必须根据环境参数调整设备的姿态和运动状态，还需要在某些情况下暂停发电过程（如出现设备问题或极端天气）。其中，置于地面的风筝发电机对轨迹控制的要求更高，有待进一步的技术创新。

安全与环境保护是民众对这类项目的重要关注点。置于高空的设备和线缆本身就是一种极大的安全隐患，要通过技术的保障和应急方案的制定予以解决。此外，传统风电对鸟类造成的伤害一直引人注目，高空风电在这方面的风险更大，需要强有力的对策。

高空风电项目的商业化有不小的阻力。一个项目的实施涉及空域协调、土地规划、接入电网、融资等多个复杂的环节，必须与许多部门合作，审批环节多、立项难度大。当前高空风电设备昂贵，电力成本与火电售价相当，在成本方面劣势明显[4]。目前，即使商用化市场初具规模，但高空风电项目的推行仍离不开政府的大力扶持。

4.2　中高空风电技术难题

与低高空相比，中高空风电系统的连接部分更长，所在大气层环境更恶劣，不确定因素更多，这对缆绳材料和控制技术提出了极端严苛的要求。

按当前技术，直径15cm的可靠的万米电缆重达200t[1]，加上发电装置的自重，系统的质量已远远超出可承受范围。更何况，中高空风速极高，平均风速可达250km/h，极端天气更为频繁，极端风速可达500km/h，这对缆绳强度的要求是难以想象的，需要材料科学的助力。而面对极其恶劣的中高空气象条件，控制技术也必须经过反复的优化与可靠性验证。仅是发电过程就涉及风向风力监测、姿态调整等一系列高难度的任务，当前技术还远未达到要求。

4.3 技术发展方向

低高空风电技术已经初具规模，未来的发展方向可能集中于小范围的技术优化和成本降低。比如缆绳的控制可以与大数据相结合，实时更新各高度的风力参数，甚至动态追踪鸟类的运动，通过更好的算法尽可能地减少发电过程带来的不利影响。目前，低高空风电项目仍处于商业示范阶段，其设备成本和配套设施的开销十分巨大，将来可以推进产业化以控制总成本，提高项目在市场上的竞争力。

中高空风电技术有两个主要的瓶颈，即材料问题和控制技术问题。材料的创新难以短时间达成，需要长期有规划的投入。中高空风电的控制技术与航天的控制技术有一定的相似性，可以期待航天领域的相关技术下沉至中高空风电，催生出更稳定的控制系统，可控地利用千米以上的巨量风能。

5. 结论

我国高空风能发电发展前景总体乐观。我国高空风能资源丰富，主要集中在人口稠密、用电量大的区域，具有开发高空风电的优势。目前，我国自主研发的伞梯组合型高空风电技术已经占领了该领域的高地，进一步的技术创新值得期待。低高空风电的发展势头迅猛，商业化进展相对顺利；中高空风电虽然存在上述的一系列技术和非技术难题，但并非遥不可及，随着技术的发展和政府的扶持，在不久的将来中高空风电会进入更多人的视野，发挥出不可估量的价值。

我国近期的高空风电发展需注意以下三点：其一，要进一步提高高空风电技术的战略高度。当前高空风电项目的实施将面临诸多资金、空间等方面的挑战，需要复杂的审批流程，只有政府提供充分的经济、政策支持才能帮助相关企业渡过难关，提升企业进行研发、尝试的积极性。

其二，要坚持国际合作和自主研发齐头并进。国外许多高空风电公司研发出了各自的技术，也有各自的优势，可以寻求一定程度上的技术共享与合作。然而，核心技术应该坚持自主研发。以 Google、Kite Gen、Altaeros 为首的国外公司拥有雄厚的资金、人脉和技术力量，目前我国掌握的技术大约只领先 2.5 年[4]，迫切需要进一步的技术创新。因此，我国应组织强大的研究团队攻克材料和控制技术等方面的难关，争取抢占下一个制高点。

其三，要推动更多示范项目的建立。发电机置于地面、所得电力投入电网的方案（包括伞梯组合方案）可以在安徽绩溪县现有项目的基础上扩展至我国东部沿海地区或空域资源相对不太紧张的东部非沿海地区，向华南、华东、华北电网提供急需的电力。发电机置于空中、所得电力就地使用的方案可以在青藏高原、云贵高原等高海拔的偏远地区试点，为当地居民提供廉价、稳定的电力。示范项目中出现的问题可以反向激励技术的发展，同时推进产业化的进程。

参考文献

1. 吴沅，待开垦的风能"处女地"——万米高空．*自然与科技*，14-16（2010）.

2. 刘杨．(中国证券报)，pp. A09.

3. 刘星，高空风电"舞"起来．*电气技术*，3（2017）.

4. 俞增盛，吴俊，高空风力发电技术与产业前景综述．*上海节能*，379-382（2017）.

5. P. T. Wetzel, Energy for a Sustainable World-From the Oil Age to a Sun -Powered Future . By Dr. Nicola Armaroli and Prof. Vincenzo Balzani. Energy Technology **2**,（2014）.

6. European Wind Energy Association. *www. wind - energy - the - facts. org/*,（2009）.

7. 杨燕，亢碧成，几种中高空风能发电技术可行性研究．*电子世界*，107（2018）.

8. 张梦然，高空风能为人所用．*今日科苑*，43-44（2011）.

9. 潘再平，一种利用高空风能进行发电的新方法．*太阳能学报*，3-5（1999）.

10. 徐娜，纽约将在高空设置风力发电机．*现代物理知识* **21**，59-60（2009）.

11. 张栋钧.（中国电力报）, pp. 007.

12. Google X 实验室推进新项目：高空风能发电. *上海节能*, 51（2013）.

13. 国内首家高空风能发电项目在绩溪县开工. *电气技术* **19**, 2（2018）.

附录　清洁能源简介

一、清洁能源的定义

清洁能源是开发和使用过程中不排放污染物、不造成环境污染、可直接用于生产生活的能源，包括可再生能源及其他清洁能源。可再生能源是指在生态循环中能重复产生的自然资源，不会随人类的开发利用而减少，具有天然的自我再生特性。可再生能源包括水能、生物能、太阳能、风能、地热能和海洋能等。广义的清洁能源则涵盖了在能源的生产及消费过程中对生态环境低污染或无污染的能源，如天然气、清洁煤、核能、燃料电池等。

二、太阳能

太阳能是源自太阳核聚变反应的热辐射能，是一种重要的可再生能源。据统计，40 分钟的太阳辐照能量，可供全球人类一年使用。[1] 光伏发电是现代社会利用太阳能的主要能量转换方式。

1. 光伏发电技术

光伏发电技术是将太阳能直接转变为电能的发电技术。光伏发电技术的核心是利用半导体材料（如单晶硅）的光生伏特效应将太阳能直接转变为电能。光伏发电技术的基础元件是太阳能电池。太阳能电池经过串联和封装保护后可形成大面积的光伏电池组件，再配合上功率控制器、逆变器等组件就构成了光伏发电装置。[2]

与传统的常规发电方式相比，光伏发电技术有以下几种优势：

（1）太阳能资源的可持续性与低成本。太阳能资源取之不尽、用之不竭，是一种来源广泛、清洁无污染的新能源。光伏发电技术不需要燃料，不会产生温室气体和其他废气，无噪声、环境友好，不会因为能源危机或燃料市场不稳定而受到冲击，是真正绿色环保的新型可再生能源。[3]

（2）光电转化效率高，发展潜力巨大。光伏发电的能量转换过程简单，直接从光能转变为电能，没有中间能量转化过程和机械运动导致的能量损失。效率提升和成本降低的潜力巨大。

（3）建设成本低，供电方便，可形成局域微电网。只要有光照的地方就可以建设光伏发电系统，光伏电站的建设不受地域、海拔等因素的限制，不需要长距离输送，避免了长距离输电线路所造成的电能损失。光伏电池组件结构简单，体积小、重量轻，便于运输和安装。光伏发电系统建设周期短，而且根据用电负荷容量可大可小，方便灵活，极易组合、扩容。光伏电站的运营现在可以实现高度自动化，可实现无人值守，维护成本低。[4]

（4）硅电池性能稳定可靠，寿命长。经过几十年的发展，晶体硅太阳能电池寿命可以达到 25 年以上，这大大延长了光伏电站的使用寿命并减少了运营检修成本。

2. 光伏电池分类

自从光伏效应提出以来，经过几十年的发展，光伏电池已经发展了三代技术。第一代光伏晶硅太阳能电池技术研发时间长、技术成熟度高、产业链完备，目前太阳能电池产业占据着最大的市场份额，晶硅太阳能电池最高可达到 26.81%的光电转化效率[5]，但是目前硅电池存在硅料纯度要求严苛、制备工艺能耗高等缺点。

第二代光伏技术是以砷化镓（GaAs）、碲化镉（CdTe）、铜锌锡硫（CZTS）和铜铟镓硒（CIGS）等新材料为代表的光伏技术。自此太阳能电池技术进入了薄膜太阳能电池时代。GaAs 光伏电池效率高，但是由于需要制备 GaAs 超晶格结构，工艺复杂、成本高昂，所以较难普及。CIGS 电池虽然已经商业化生产，但是由于含有稀有元素，限制了其取代硅基电池的可能性。在 CIGS 电池基础上发展而来的 CZTS 太阳能电池仍处于实验室效率提升阶段，最高效率只有 13%[5]，现阶段也难以大规模推广。

近年来，以金属卤化物——有机-无机杂化钙钛矿太阳能电池、有机太阳能电池为代表的第三代光伏发电技术取得了重要突破。钙钛矿是一种具有特殊正八面体结构的半导体材料，具有独特的光学活性和载流子传输特性。钙钛矿太阳能电池具有制备成本低、光电转化效率高、制备简单方便、可制备柔性电池及叠层太阳能电池等优势，因而受到了学术界和产业界的广泛关注。钙钛矿太阳能电池在不到十年的时间里，效率从最初的 3%提升到了 25.7%[5]，但其稳定性和光电转化效率还有进一步提升的空间。

3. 我国光伏产业的发展历程

我国光伏产业的发展历程可大体分为三个阶段：①2001～2011 年的缓慢发展期。②2011～2017 年的政府强力补贴期。③2018 年至今补贴减弱的市场竞争期。[6] 我国光伏产业近 10 年来的发展突飞猛进，光伏组件及配套技术在全球市场的占有率稳步提升，如今已经在全球产业链中具有举足轻重的地位，这和国家政策支持以及国际市场需求有着紧密联系。

2011 年以前，由于缺乏市场需求，中国光伏产业长时间处于缓慢发展的状态。2001 年，中国开始实施"光明工程计划"。光明工程计划的目的是建设以光伏发电技术为代表的可再生能源局部电网来解决边远山区 2300 万人的用电问题。[7] 同年，江苏无锡尚德成立。2005 年，西藏羊八井光伏电站建设完成并投入运营，这是中国第一个光伏发电系统并网的工程。2006 年，江西赛维 LDK 成立，赛维集团逐步发展为当时亚洲规模最大的太阳能多晶硅片生产企业。2007 年，国家出台政策开始征收可再生能源附加税，为光伏产业的上网补贴提供资金保障。

2011 年 8 月，国家发展和改革委员会出台规定，光伏发电的上网电价统一为 1.15 元/千瓦·时[8]，从此我国光伏市场进入标杆上网电价、政府强力补贴的新时代，国内光伏市场出现了爆发式增长。但是，2012 年 10 月，美国商务部宣布，对从中国进口的光伏产品征收 23%～254%的双关税，与此同时，欧盟正式发起反倾销和反补贴调查，当时，欧美国家是中国光伏产业最大的出口市场，突如其来的变故给整个行业泼了一盆冷水。在光伏出口遭受重创的国际环境下，江西赛维 LDK、无锡尚德等先行者先后倒下，而以协鑫、隆基为代表的单晶硅电池厂商乘势崛起。2015 年，国家开始实施"领跑者计划"，对硅电池光伏组件的光电转化效率提出了更高的要求，淡化多晶硅技术，并开始重视单晶硅技术。隆基开发的金刚线切割技术，为单晶硅切片节约了 50%的成本，并且率先将金刚线技术应用于硅片切割，切割时间和线耗量大大缩短，为光伏行业带来革命性颠覆。[9]

2018 年 5 月，国家发展和改革委员会、财政部、国家能源局发布了《关于2018年光伏发电有关事项的通知》。该通知指出，要加快光伏发电补贴退坡，降低光伏发电上网补贴强度。补贴力度的下降叠加贸易战的影响，使我国光伏企业的新增数量在2018年首次出现下降。2020年和2021年我国相继提出“双碳”目标，光伏行业重新复苏，光伏企业数量进一步增加。[7] 中国的光伏产业链发展始于补贴，终于平价。2018年以来，光伏行业的政策导向性减弱，市场导向性增强。迎着“碳达峰”“碳中和”的战略机遇，中国的光伏企业通过技术发展、技术创新，逐步实现企业转型，降本增效提质，在复杂的国际形势中把握住了全球光伏装机需求爆发的历史机遇。

三、风能

1. 风力发电的优势

风力发电的原理是由于风具有一定的动能，利用风能带动风机叶片旋转，再通过增速器将旋转的速度提高来带动发电机发电。风是空气自然流动的结果，取之不尽、用之不竭，风力发电是一种清洁无污染的发电方式，在“碳达峰”“碳中和”的浪潮中得到了迅猛发展。

相比于传统的火力发电方式，风力发电具有以下优点：

（1）清洁零碳无污染。风力发电是一种可再生的洁净能源，不消耗化石资源也不污染环境。

（2）造价低，建设周期短，装机规模灵活，经济价值明显。[10] 风电场的建设周期短，可以根据资金情况灵活决定装机规模。另外，随着技术的发展，风电场的单位千瓦造价逐年降低。

（3）可靠性高，运行维护简单。随着风电技术的发展，大型风力发电机组的可靠性从20世纪80年代的50%提高到了2012年的98%，可以连续使用长达20年。[11] 现代风电场的自动化水平很高，可以实现长时间的无人值守，不存在火力发电的定期大修问题。

（4）实际占地面积小，风电场区使用灵活。虽然风电场的场区面积很大，但是发电机组与变电设备实际占地面积很小，其余场地仍可供农、牧、渔使用。

（5）发电并网模式灵活多样。风电既可并网运行，如可以和光伏发电、水利发电系统组成区域微电网，也可以单独运行。风电场灵活多样的发电并网对解决边远地区的用电问题提供了现实可行性。[11]

2. 风力发电技术展望

目前，广泛应用的风电机型主要有双馈风电机组、直驱风电机组和半直驱风电机组三种。双馈式风电机组的优点是经济性较好，但是其缺点是后期运维成本较高。直驱型风电机组的特点是风电转化效率高、机组寿命长、后期运维费用低，但是存在高成本的缺点。[12] 未来预期的风电机组设计方案是要融合双馈和直驱两种结构的低成本、高可靠性特点，这种机组是适应陆上和海上机组大型化的重要发展方向。

风电存在着平价上网和开发成本高的双重压力，为了降低风电的度电成本，加速开发长叶片、大型化、高塔筒的海上/陆上风电机组成为风电产品未来的重要发展方向。国家发展和改革委员会提出，争取在 2030 年之前推广国产 200~300m 特大型风力发电机组，推动我国成为风电强国。[12]

四、氢能

1. 氢能的优势

氢能一直被认为是一种终极清洁能源。相比于其他化学燃料，氢气具有诸多优势：①高热值。每千克氢气燃烧后能放出约 143kJ 的热量，其热值约为汽油的 3 倍。除核燃料外，氢气的热值高于所有的化石燃料和生物燃料。②清洁可再生。氢气的燃烧产物只有无污染的水，而且燃烧产生的水又可以继续制氢，反复利用。③氢在自然界的含量极其丰富。氢元素是自然界存在的最普遍的元素。氢原子构成了宇宙质量的 75%。在地球上的氢元素多以化合物的形式存在于水中。④无毒。氢气是无色、无味的气体，燃烧后的产物是水，不会产生有害气体和粉尘。⑤储存方式多样。氢能可以作为多种形态存储以满足运输需要。氢常温下为气态，低温高压下为液态，与金属化合可转变为固态金属氢化物，贮运方式灵活多样。因为氢元素重量轻，因此从运输成本及社会总效益考虑，氢能的运输也优于其他能源。[13] ⑥能量转化损耗少。氢能可通过燃料电池转化为电能，或者采用管道输氢，这样就可取消远距离高压输电，既提高安全性，又降低能源无效损耗。⑦减少温室效应。氢能的应用可减少温室气体的排放，最大限度地减弱温室效应，与我国的“双碳”目标相符合。

2. 氢能的应用场景

（1）氢燃料汽车。氢能取代常规的化石能源作为交通工具能源是氢气未来最广泛的应用场景，这一技术被视为解决能源危机与实现“双碳”目标的有效解决方案。汽车产业在我国工业生产中逐渐占据较大的份额，但是目前汽车主要使用汽油或柴油发动机，虽然汽车的尾气排放已有很大的技术改进，但是其温室气体的排放仍然对环境有极大的损害。氢能具有环保无污染、储存化学能大的优势，使用氢能燃料电池的汽车发展对能源节约与环境保护有重要的意义。氢燃料电池汽车是氢能高效利用的最有效途径，当前全球多个国家都在积极布局氢燃料电池汽车产业链，从技术发展来看，近年来氢燃料电池汽车的功率逐年提升。现阶段氢燃料电池整车市场，以客车、重卡为主的商用车为主流。在氢能客车渗透率不断提高的同时，重卡成为新的市场重点。[14] 一方面，在当前补贴的条件下，氢能重卡的运营成本已经进入平价区域；另一方面，燃料电池因高能量密度、长续航历程、运营阶段零排放的特点，成为重载领域电动化的最优方案。

（2）分布式发电。利用氢燃料电池开展分布式发电，被视为电网削峰填谷的一种解决方案，具备以下优点：①稳定性好，不受天气、时间和区域的影响；②发电效率高，成本低；③低碳清洁无污染；④与现有的加气站等基础设施相匹配。目前，全球氢燃料电池分布式发电主要由美国、日本、韩国三国推动。其中，美国 Bloom Energy 公司主要发展 SOFC 大型商用分布式发电；韩国斗山集团主要发展 PAFC 大型商用分布式发电；日本以松下和东芝为代表，主要发展 PEMFC 小型家用分布式发电。[15]

3. 氢能技术的挑战

（1）制取成本较高。氢气的制备有两种途径：①电解水制氢气。②对传统能源的化学重整。我国制氢原料中有超过 90%来自对化石能源的化学重整。其中，48%来自天然气、30%来自醇类、18%来自焦炉煤气，仅有约 4%来自电解水。[16] 电解水制氢的成本中电价占据了很高的比例。利用电网无法消纳的电能进行电解水制氢是一种降低成本的优良途径。

（2）储运困难、加氢站建设数量少。氢能储运和加注产业化整体滞后。储氢和运输的高昂成本很大程度上制约了氢气的使用和发展。运输方面主要有两种方式，管道运输和气氢拖车运输，二者各有优缺点，但是成本都很高。氢气通过气瓶运输有泄漏和爆炸的危险，安全性能差。[17] 液化储氢虽然能够节约存储空间，但是却带来了技术和经济性上的双重难题。运输过程中要将温度保持在-253℃以下，否则会导致液态氢发生气化，具有较大的危险。此外氢气液化需要消耗较多的电能，液态储氢对于储存材料也有很高的要求，这些问题都提升了氢气储运的成本。近年来，固体材料储氢因具有便携性好、安全性高、氢气储存纯度大等优点而受到学术界和产业界的关注。[17] 固体材料储氢主要有两种，即物理吸附储氢、化学吸附储氢。前者主要原理是通过多孔材料的范德华力与氢原子之间的相互作用来存储氢气，但缺点在于常温常压条件下材料的范德华力很弱，会导致逸出氢，具有一定的危险性；后者则是使用特定的能与氢原子发生化学反应的材料，二者相互反应形成稳定的水合物来储氢，固体材料储氢也存在单位质量储氢密度低、充放氢效率低的缺点。总之，我国目前对于氢气的储运技术仍然没有达到工业化的要求，制约了氢能的开发利用。

参考文献

［1］李东栋．柔性薄膜太阳能电池［J］．世界科学，2013（9）：52-53.

［2］李雅琼．太阳能光伏发电及相关技术研究［J］．现代工业经济和信息化，2022，12（8）：81-82+89.

［3］晶体硅光伏组件的全寿命周期介绍（1）［J］．太阳能，2018（8）：20-22+16.

［4］中国电力网．无法拒绝光伏发电的八大优点［EB/OL］．http：//www.chinapower.com.cn/tynfd/gd/20210407/64207.html，2021-04-07.

［5］Best Research-Cell Efficiency Chart，NREL［EB/OL］．https：//www.nrel.gov/pv/cell-efficiency.html，2011-11-26.

［6］吴智勇．对中国光伏产业政策效果的研究［D］．云南财经大学，2022.

［7］前瞻经济学人．中国光伏产业的发展之路［EB/OL］．https：//

www. qianzhan. com/analyst/detail/220/210811-01915438. html，2021-08-11.

［8］中央政府门户网站．光伏发电全国统一上网电价每千瓦时 1 元和 1.15 元［EB/OL］. http：//www. gov. cn/jrzg/2011-08/02/content_ 1917904. htm，2011-08-02.

［9］严凯．隆基崛起背后：一条金刚线的“生死战”［J］．新能源经贸观察，2018（Z1）：105-111.

［10］宋剑波．风力发电技术的现状与发展综述［J］．集成电路应用，2022，39（4）：148-149.

［11］北极星电力技术网．风力发电系统的基本原理［EB/OL］. http：//tech. bjx. com. cn/html/20120528/137971. shtml，2012-05-28.

［12］刘平，张媛，莫堃，等．风力发电设备技术现状与发展趋势［J］．中国重型装备，2022（4）：1-6.

［13］刘尚泽，于青，管健．氢能利用与产业发展现状及展望［J］．能源与节能，2022（11）：18-21.

［14］殷卓成，王贺，段文益，等．氢燃料电池汽车关键技术研究现状与前景分析［J］．现代化工，2022，42（10）：18-23.

［15］北极星氢能网．全球燃料电池分布式发电发展格局［EB/OL］. https：//news. bjx. com. cn/html/20210331/1145111. shtml，2021-03-31.

［16］中国科学院青岛生物能源与过程研究所．国内外制氢成本分析［EB/OL］. http：//www. qibebt. cas. cn/xwzx/kydt/202011/t20201123_ 5774831. html，2020-11-23.

［17］韩利，李琦，冷国云，等．氢能储存技术最新进展［J］．化工进展，2022，41（S1）：108-117.